AF274974

ESPHOME
Desarrollo de aplicaciones domóticas con ESP8266 sin programación

Tomás Domínguez Mínguez

Acceda a www.marcombo.info
para descargar gratis
el contenido adicional
complemento imprescindible de este libro

Código: ESPHOME25

ESPHOME
Desarrollo de aplicaciones domóticas con ESP8266 sin programación

Tomás Domínguez Mínguez

ESPHome. Desarrollo de aplicaciones domóticas con ESP8266 sin programación

Primera edición, 2025

© 2025 Tomás Domínguez Mínguez

© 2025 MARCOMBO, S. L.
    www.marcombo.com

Ilustración de cubierta: Jotaká
Maquetación: quimdiaz.net
Corrector: Héctor Tarancón
Directora de producción: M.ª Rosa Castillo

ISBN: 978-84-267-3898-1
D.L.: B 18601-2024

Impreso en Servicepoint

Printed in Spain

TABLA DE CONTENIDO

1. INTRODUCCIÓN 1

 1.1 Alternativas de desarrollo de sistemas domóticos 3

2. EL ESP8266 5

 2.1 WEMOS D1 R1 6

 2.2 ESP-01..8

  2.2.1 El modo programación y el modo ejecución........................ 11

3. ESPHOME 15

 3.1 Instalación de las utilidades.. 17

 3.2 Instalación de los drivers.. 22

4. GENERACIÓN Y CARGA DEL FIRMWARE EN UN DISPOSITIVO 27

 4.1 La interfaz de línea de comandos..................................... 28

  4.1.1 Su primer sistema domótico (I)................................... 29

   4.1.1.1 Creación del archivo de configuración........................... 31

   4.1.1.2 Incorporación de componentes al archivo
   de configuración.. 38

   4.1.1.3 Generación y carga del firmware en el dispositivo....... 42

 4.2 El panel web 46

  4.2.1 Su primer sistema domótico (II) 50

   4.2.1.1 Creación del archivo de configuración........................... 51

   4.2.1.2 Incorporación de componentes al archivo
   de configuración.. 57

   4.2.1.3 Generación y carga del firmware en el dispositivo....... 58

4.3 Actualización del firmware vía OTA 60

4.4 Direcciones IP estáticas 63

4.5 Punto de acceso del dispositivo 65

5. EL LENGUAJE YAML   69

6. SENSORES   75

6.1 Prácticas con sensores analógicos 78

    6.1.1 Obtención del nivel de luz ambiente 79

    6.1.2 Obtención del nivel de humedad del suelo 82

    6.1.3 Obtención del nivel de voltaje de la batería 85

6.2 Prácticas con sensores digitales 87

    6.2.1 Obtención de la temperatura y la humedad ambiente 87

    6.2.2 Obtención de la distancia a un objeto 92

7. AUTOMATIZACIONES   97

7.1 Sintaxis básica de una regla.. 98

7.2 Reglas condicionales 103

7.3 Lambdas y variables globales 107

8. ACTUADORES   113

8.1 Relés y motores.. 113

8.2 Altavoces y buzzers 116

8.3 Leds y displays 118

8.4 Prácticas.. 120

    8.4.1 Encendido temporizado de luces mediante control
        de presencia 121

    8.4.2 Alarma de temperatura... 125

    8.4.3 Efectos luminosos con leds RGB 129

    8.4.4 Led de estado 134

9. PANTALLAS 137

9.1 El motor de renderizado y visualización 140

9.2 Prácticas 142

9.2.1 Presentación de contenido estático 143

9.2.2 Presentación de los datos de un sensor 144

9.2.3 Termostato digital 149

10. PROTOCOLOS DE COMUNICACIÓN Y SERVICIOS EN LA NUBE 157

10.1 El protocolo HTTP 158

10.1.1 Componentes HTTP de ESPHome 161

10.2 El servicio de notificaciones Pushbullet 162

10.2.1 Alta y configuración del servicio 162

10.2.2 El API HTTP 167

10.2.3 Prácticas 169

10.2.3.1 Alarma por movimiento 169

10.2.3.2 Alarma por apertura de puertas o ventanas ... 173

10.2.3.3 Aviso de fuga de agua 174

10.3 El protocolo MQTT 180

10.3.1 Fases de establecimiento e intercambio de mensajes
entre clientes 183

10.3.1.1 Conexión con el bróker 183

10.3.1.2 Publicación y suscripción de mensajes 184

10.3.2 Componentes MQTT de ESPHome 186

10.4 La aplicación IoT MQTT Panel 188

10.4.1 Prácticas 189

10.4.1.1 Estación meteorológica remota 190

10.4.1.2 Estación meteorológica exterior 197

10.4.1.3 Control de la calefacción por Internet 201

11. EL MODO *DEEP SLEEP* 213

Internet de las cosas, también conocido por sus siglas en inglés IoT *(Internet of Things)*, es un concepto propuesto por Kevin Ashton en 1999 para referirse a la conexión e intercambio de datos entre todo tipo de objetos a través de Internet. El éxito de esta tecnología se debe a que amplía enormemente su utilidad, ya que permite controlar objetos a distancia (p. ej., encender o apagar una luz), enviar los datos recogidos por sensores (p. ej., la humedad o la temperatura) o, incluso, notificar alertas (p. ej., alarmas, fallos de funcionamiento). Por todo ello, Internet de las cosas está presente cada vez en más sectores, como el de la medicina, la industria, el transporte, la energía, la agricultura, las ciudades inteligentes y, muy especialmente, el de la domótica, eje central de esta obra.

El término domótica hace referencia al conjunto de técnicas que permiten la automatización y el control inteligente de cualquier aparato eléctrico existente en una vivienda con el fin de aumentar el confort y la seguridad, o reducir el consumo energético, entre otros muchos beneficios.

Un sistema domótico no es una entidad monolítica, sino que está formado por un conjunto de componentes interconectados entre sí:

- Sensores y actuadores
- Controlador domótico
- Red de comunicación

Los sensores recogen información del entorno, como la temperatura, la distancia, la posición, el nivel de líquidos, etc. Los actuadores modifican el entorno realizando un trabajo, como los servos y los motores, generando luz, como los leds y los displays, o produciendo sonidos, como los altavoces y los buzzers. Naturalmente, un mismo sistema podrá tener uno o más sensores o actuadores. En las múltiples prácticas propuestas en este libro se utilizarán muchos de ellos.

El controlador domótico es el cerebro del sistema. Allí es donde reside la lógica que permite automatizar las tareas repetitivas que habitualmente se hacen de forma manual. Su comportamiento lo establece un conjunto de reglas que se encargan de darles las órdenes adecuadas a los actuadores en función de los datos recibidos por los sensores.

Con las reglas podrá decidir, por ejemplo, cuándo se debe encender o apagar una luz: a una determinada hora del día, al anochecer, cuando un sensor detecte un nivel mínimo de luz o la presencia de una persona, tras el vencimiento de un temporizador o cualquier otro criterio.

Las redes de comunicación son las que hacen posible la interconexión entre sensores, actuadores, controladores y, por supuesto, aquellos dispositivos con los que el usuario acceda a los sistemas domóticos (en especial, los teléfonos móviles). A este respecto, la red de comunicación más usada en el ámbito domótico es la red wifi 802.11 b/g/n, existente prácticamente en todos los hogares (aunque hay otras de carácter más específico como ZingBee o Z-Wave).

Sin embargo, para que los componentes de un sistema puedan comunicarse entre sí, además de conectarse a una red wifi tienen que ser capaces de hablar el mismo lenguaje (protocolo a nivel de aplicación). Por poner un símil, si la red wifi fuera la red de carreteras, los protocolos serían las normas de circulación que ordenarían el tráfico. De todos ellos, HTTP y MQTT destacan sobre los demás (si bien Matter está ganando adeptos). Aunque a día de hoy ambos son muy utilizados, MQTT es el preferido debido a los escasos recursos que requiere, tanto de comunicaciones como computacionales, lo que facilita su ejecución en microcontroladores sencillos y, por lo tanto, pequeños y baratos, como los basados en el SoC ESP8266.

Además, este tipo de microcontroladores reducen el consumo energético, algo importante cuando deben alimentarse con baterías.

ZingBee y Z-Wave son estándares que incluyen tanto tecnologías de red como protocolos de comunicación.

1.1 ALTERNATIVAS DE DESARROLLO DE SISTEMAS DOMÓTICOS

Una vez conocida la arquitectura de un sistema domótico, lo más fácil sería montarlo con dispositivos comerciales que solo haya que sacarlos de la caja y encenderlos (requieren una configuración muy básica). Son los que se conocen como dispositivos dependientes de los fabricantes. Es la opción más cómoda, pero adolece de diferentes inconvenientes:

- Solo hacen lo que indica el fabricante. Si quisiera una nueva funcionalidad (suponiendo que existiera) tendría que volver a pasar por caja.

- Se integran con quien quiere el fabricante, en ocasiones únicamente con productos de su misma marca.

- Dependen de un servicio en la nube ofrecido por el fabricante, que podría desaparecer sin previo aviso, tal como ya ha sucedido con algunas marcas.

- La privacidad queda en entredicho. Podrían llegar a saber sus costumbres, sus horarios, etc.

La mejor forma de resolver parcial o totalmente estos problemas sería hacer uso de dispositivos independientes a los que pudiera conectar sus sensores y actuadores favoritos, crear las automatizaciones que hicieran exactamente lo que quisiera y se integraran con cualquier otro dispositivo mediante HTTP o MQTT.

Existen dos formas de conseguir este objetivo:

- Sustituir el firmware del dispositivo que hubiera comprado por otro que le permitiera modificar su comportamiento. Hay marcas en las que esto no es posible.

- Utilizar componentes genéricos, como los basados en el SoC ESP8266 o ESP32, en los que pudiera instalar su propio firmware.

En esta obra se optará por la segunda solución, en la que se instalará el firmware ESPHome en cualquiera de las placas basadas en el SoC ESP8266.

Un firmware no es más que un software que está íntimamente unido con el hardware donde se ejecuta y al que controla (en este caso el de las placas ESP8266).

Por otra parte, cuando las automatizaciones del sistema domótico sean lo suficientemente sencillas, ESPHome también podría asumir el papel de controlador. Su capacidad para definir reglas capaces de ejecutar acciones bajo ciertas situaciones hace posible, por ejemplo, encender una luz cada vez que se detecte movimiento en un pasillo oscuro o enviar una alerta a su teléfono móvil en el momento que se produzca una fuga de agua.

En estas circunstancias, el sistema domótico estaría compuesto únicamente por una placa ESP8266 con el firmware de ESPHome, a la que irían conectados los sensores y/o actuadores correspondientes. Su labor como desarrollador consistiría únicamente en configurar dicho firmware para que el dispositivo se comportara de la forma deseada. El modo de hacerlo sería editando un archivo de texto en el que se especificara tanto la lógica de control como las características de los sensores y actuadores conectados a la placa. Todo ello de una forma estructurada y fácil de interpretar.

Bienvenido, por lo tanto, a la domótica libre en la que una placa ESP8266 y el firmware ESPHome le permitirán automatizar su casa de una forma sencilla y barata, sin tener que escribir ni una sola línea de código.

Seguramente esté deseando empezar a trabajar con ESPHome, pero antes de adentrarse en las capacidades de este firmware es necesario conocer las principales características de dos de las placas basadas en el Soc ESP8266 más conocidas. Si todavía no las ha usado en ningún proyecto, aprenderá a perderles el miedo. En caso contrario, la lectura del siguiente capítulo le servirá para recordar lo que ofrecen.

Unidad 2
EL ESP8266

El ESP8266 es un SoC fabricado por la compañía china Espressif compuesto por un procesador Tensilica de 32 bits, que funciona a una frecuencia de reloj entre 80 MHz y 160 MHz, y un chip wifi 802.11 b/g/n 2.4 GHz (soporta WPA/WPA2) capaz de manejar los protocolos TCP/IP de forma nativa. Lo que no incorpora es una memoria flash, por lo que deberá ser proporcionada por el módulo (placa) donde se monte.

La descripción anterior seguramente le resulte difícil de entender si es nuevo en el uso de los microcontroladores, pero estoy seguro de que la definición de los siguientes conceptos le aclararán muchas dudas:

- **SoC** *(System on a Chip)*. Término que se emplea para referirse a un chip que integra diversos componentes comunes en ordenadores o sistemas informáticos (procesador, memoria, wifi, etc.).

- **Memoria flash**. Es aquella en la que se guarda el programa (en este contexto, el firmware).

- **TCP/IP**. Protocolos cuyos acrónimos corresponden a *Transmission Control Protocol/Internet Protocol* (Protocolo de Control de Transmisión/Protocolo de Internet). Se consideran el núcleo de lo que hcy conocemos como Internet.

Un detalle importante que quizás se le haya pasado desapercibido es que los ESP8266 funcionan en la banda de 2.4 GHz, por lo que no se pueden utilizar en redes wifi de alta velocidad (5 GHz). Téngalo en cuenta, ya que los rúteres actuales suelen ofrecer dos redes diferentes: la normal y la de alta velocidad. El ESP8266 deberá conectarlo siempre a la normal.

Al no disponer de memoria flash, el SoC ESP8266 se adquiere montado sobre una placa o módulo que integra este y otros componentes adiciona-les, como, por ejemplo, un programador que permita cargar el firmware a través de un puerto USB del ordenador, un regulador de tensión con el que se pueda alimentar mediante un adaptador de corriente o una batería, etc.

> Un programador es, en realidad, un chip que traduce el protocolo USB al protocolo RS232 (UART) manejado nativamente por este SoC.

Existen muchas placas basadas en el SoC ESP8266, así pues, tendrá que decantarse por alguna de ellas. En esta obra se ha hecho por el WEMOS D1 R1 y el ESP-01, cada una de las cuales tiene sus ventajas e inconvenientes. En cualquier caso, los ejercicios realizados en los siguientes capítulos serán igualmente válidos para cualquier otra placa basada en el mismo SoC (como WEMOS D1 mini, NodeMCU, etc.).

Analicemos las características de cada una de ellas empezando por el WEMOS D1 R1.

2.1 WEMOS D1 R1

Como puede comprobar en la siguiente imagen, un WEMOS D1 tiene el mismo aspecto que un Arduino UNO, con el que seguramente se encuentra familiarizado.

Está dotada con un microcontrolador que trabaja a una frecuencia de reloj de 80/160 MHz y una memoria flash de 4 Mb. El tamaño y distribución de sus pines es similar a los de Arduino, aunque únicamente dispone de 11 entradas/salidas digitales (con capacidades PWM, I2C y SPI) y solo una analógica. Otra importante diferencia con Arduino es que todos sus GPIO operan con un voltaje de 3.3 V. Téngalo siempre en cuenta para no provocar daños en la placa.

El etiquetado de los pines es confuso porque cada uno de ellos se identifica de varias formas, lo que puede llevar a equívocos. Para salir de dudas, si no tiene a mano la documentación de la placa, dele la vuelta y utilice el serigrafiado de ese lado.

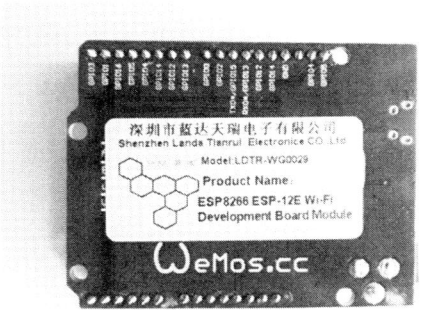

En cualquier caso, la siguiente figura muestra la distribución de los GPIO empleados en los diversos ejercicios que tendrá ocasión de realizar en los próximos capítulos.

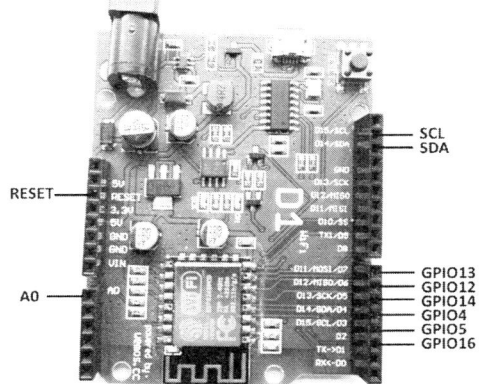

> Cada pin va acompañado de su alias (por ejemplo, el alias del GPIO13 es D7). Esto se debe a que en ESPHome se puede hacer referencia a un pin por su número (13), por su nombre (GPIO13) o por su alias (D7). De todas estas alternativas se recomienda usar la primera (solo el número).

2.2 ESP-01

Las placas WEMOS D1 son muy útiles durante la fase de prototipado, pero, una vez comprobado el correcto funcionamiento del sistema, seguramente necesite recurrir a otras más pequeñas. A este respecto, el ESP-01 es una buena opción cuando no se requiere el uso de ningún pin analógico. Desarrollado por la empresa AI-Thinker en 2014, fue el primer módulo basado en el SoC ESP82266. Su reducido tamaño, su escaso consumo y su bajo precio han conseguido que, a pesar de los años transcurridos, siga siendo uno de los más populares. Eso no quiere decir que no haya dejado de evolucionar, ya que a la sombra de este módulo han surgido otros, como el ESP-12, que actualmente se utiliza en multitud de placas, entre las que destacan NodeMCU y WEMOS.

El aspecto del ESP-01 es el que puede ver a continuación:

Este módulo incluye un procesador que trabaja a 80 MHz, un chip de memoria de 512 Kb o 1 Mb (se identifican por su color azul o negro, respectivamente) y otro wifi 802.11 b/g/n.

> Si vuelve a mirar la imagen del WEMOS D1, observará que el aspecto de su microcontrolador es como el de un ESP-01, pero con el encapsulado metálico. En realidad, se trata del SoM ESP-12F, que, de hecho, es un componente en sí mismo. Tanto es así, que incluso podría comprarlo y utilizarlo de forma independiente. El WEMOS lo que hace básicamente es añadirle el programador, los conectores y un regulador de tensión que facilitan su manejo.
>
>

El ESP-01 dispone de 8 pines:

- **GND**, **VCC**. Son los pines de alimentación. Este componente funciona a 3.3 V.

- **GPIO0**, **GPIO2**. Pines digitales de E/S.

- **RX**, **TX**. Son los pines de recepción y transmisión serie del microcontrolador. Sirven tanto para su programación como para la comunicación con otros microcontroladores. También pueden funcionar como los pines GPIO3 (RX) y GPIO1(TX).

- **CH_PD**. Cuando su voltaje es de 0 V (nivel bajo) el ESP-01 se apaga y con 3.3 V (nivel alto) se enciende.

- **RESET**. Reinicia el ESP-01 cuando se conecta a GND.

Los pines GPIO0, GPIO2, RX y TX trabajan a 3.3 V. No lo olvide si no quiere dañar la placa.

Sin embargo, el pequeño tamaño de este módulo se ha ganado, entre otras cosas, porque no integra ni el programador ni el conector USB correspondiente. Por ese motivo, deberá intercalar uno externo que permita su conexión al ordenador. En la siguiente imagen se aprecia el aspecto de uno de ellos:

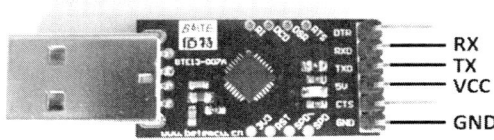

Un programador no es más que un conversor bidireccional entre el protocolo serie (UART) del ESP8266 y el protocolo USB del ordenador. Esta labor la realizan chips como el FTTDI o, cada vez más frecuentemente, el CH340.

En uno de sus extremos se encuentra el conector USB. En el otro están los pines de alimentación (GND y VCC), el de recepción y el de transmisión datos (RX y TX).

Podría estar tentado de alimentar el ESP-1 con los pines VCC y GND del programador. Sin embargo, aunque en un principio parezca que funciona correctamente, su vida útil quedaría drásticamente reducida porque estos programadores trabajan habitualmente con 5 V (en vez de los 3.3 V requeridos por el ESP-01), tal como demuestra esta imagen ampliada.

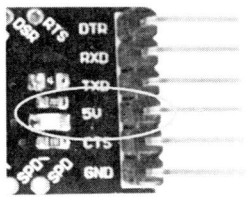

Por lo tanto, se recomienda utilizar un módulo de alimentación que proporcione los 3.3 V exigidos por el ESP-01. En la siguiente imagen puede ver el empleado habitualmente en este tipo de proyectos (MB102).

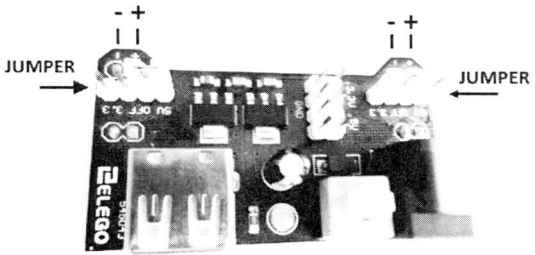

Como puede observar, tiene dos salidas independientes que se pueden configurar a 5 V o 3.3 V, según la posición de sus jumpers. La corriente suministrada llega a los 700 mA, suficiente para alimentar el ESP-01. La entrada de energía puede venir de un puerto USB, de un adaptador de red (sirve el de Arduino) o de una batería con una tensión entre 6.5 V y 12 V. Además, dispone de un interruptor para encenderla y apagarla.

En resumen, la programación de un ESP-01 requiere los siguientes elementos:

> ℹ️ Como consejo, asegúrese de que el programador que adquiera disponga del chip CH340 (el mismo del WEMOS D1), ya que es el recomendado por ESPHome.

Una vez conocidos todos estos componentes, veamos cómo se conectan entre sí durante la carga del firmware y, más tarde, durante su ejecución.

2.2.1 El modo programación y el modo ejecución

A diferencia del WEMOS, que reconoce cuándo se quiere cargar un firmware o ejecutarlo, al ESP-01 hay que indicárselo explícitamente conectando o desconectando el GPIO0 de GND. Esto, unido al hecho de que el programador trabaja habitualmente con 5 V y el ESP-01 lo hace con 3.3 V, obliga a montar dos tipos de circuitos: uno para la carga del firmware y otro para su ejecución.

El circuito utilizado para la carga del firmware es el siguiente:

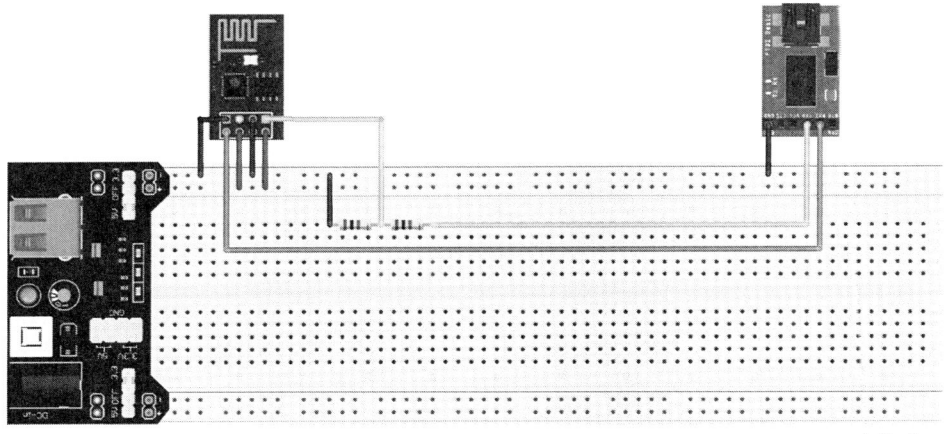

Como puede observar, los pines RX/TX de ambos elementos se conectan de forma cruzada. De esta manera, lo que se envía por el pin TX de cada uno de ellos se recibe por el pin RX del otro. Adicionalmente, entre el pin TX del programador y el RX del ESP-01 hay un divisor de tensión que rebaja los 5 V del programador a los 3.3 V a los que opera el ESP8266.

La siguiente imagen muestra en detalle dicho divisor de tensión:

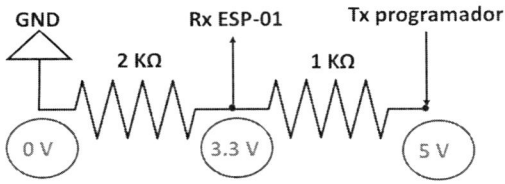

Un voltaje de 3.3 V en el pin TX del ESP-01 es interpretado por el pin RX del programador como nivel alto (igual que si fueran 5 V), por lo que no habría ningún problema de comunicación en ese sentido.

El programador se alimenta a través del cable USB, mientras que el ESP-01 hace uso de una fuente de alimentación independiente (asegúrense de que el jumper esté en la posición adecuada). Por ese motivo, es imprescindible conectar el pin GND del programador al de la fuente con el fin de que ambos componentes electrónicos tengan la misma referencia de tensión.

Finalmente, se conecta el pin CH_PD a (3.3 V) para mantener encendido el ESP_01, y el pin GPIO0 a GND para que entre en el modo programación.

Si tuviera la suerte de disponer de un programador que proporcionara una tensión de 3.3 V en todos sus pines, el circuito se simplificaría bastante.

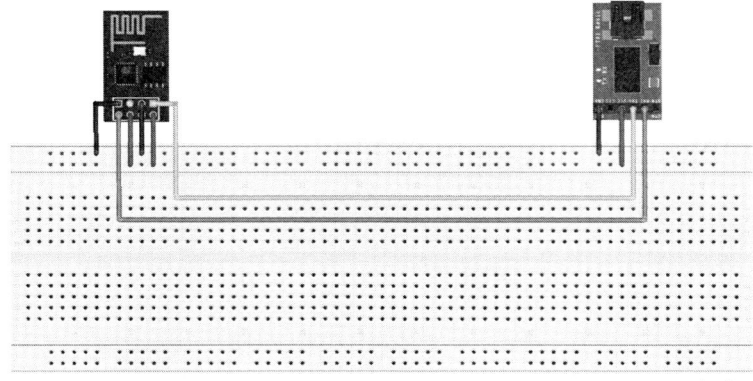

En cualquier caso, existen programadores que ya tienen integrado un conector en el que se insertaría el ESP-01, como el mostrado en la siguiente figura:

Como puede advertir, este modelo dispone en uno de sus laterales de un conmutador con dos posiciones: PROG y UART. En la primera entraría en el modo programación y en la segunda en el modo ejecución. De esta forma, se evitaría tener que montar ningún circuito.

Si el programador que hubiera adquirido no tuviera dicho conmutador (como el mostrado en esta otra imagen), deberá simular su existencia soldando dos cables en los pines GND y GPIO0.

De esta forma, los conectaría entre sí cuando quisiera cargar el firmware en el ESP-01 y los volvería a desconectar para ejecutarlo.

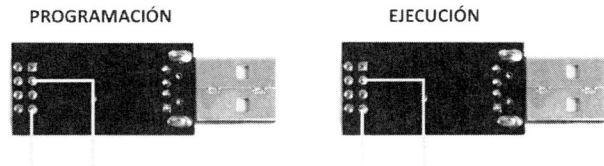

PROGRAMACIÓN   EJECUCIÓN

La forma más fácil de hacerlo es cortando por la mitad un cable Dupont macho-hembra y soldando los extremos por los que les hizo el corte a cada uno de los pines.

Esta nueva imagen muestra el aspecto del programador una vez insertado el ESP-01, donde se aprecia lo práctica que resulta esta alternativa:

Unidad 3
ESPHOME

En su web oficial (https://esphome.io/) ESPHome es definido como un sistema para controlar microcontroladores de forma remota mediante archivos de configuración simples, pero flexibles.

De forma muy resumida, un microcontrolador es un circuito integrado que contiene los componentes básicos de un ordenador (un procesador, una memoria, cierta capacidad de comunicación, etc.). La diferencia con los ordenadores es que, mientras estos se utilizan para tareas de propósito general (ver un vídeo en YouTube, leer el correo electrónico, jugar al Candy Crush, etc.), los microcontroladores se orientan a tareas concretas (modificar el nivel de brillo de una luz, mantener estable la temperatura de una estancia, etc.). De ahí su menor potencia, tamaño y consumo. Aunque no seamos conscientes, estamos rodeados de microcontroladores, ya que están presentes en los mandos a distancia, los electrodomésticos y, por supuesto, en los dispositivos domóticos.

Siguiendo con la diferencia entre los ordenadores y microcontroladores, los programas que se ejecutan en los primeros caen dentro de la categoría de software, mientras que a los segundos se les considera firmware. En este sentido, ESPHome solo funciona en microcontroladores ESP8266 y ESP32.

Sus principales ventajas de cara al desarrollo de sistemas domóticos son:

- **Sencillez de uso**. No requiere saber programar, ya que su comportamiento se establece en un archivo de configuración muy fácil de entender que oculta la complejidad tanto del firmware como de los microcontroladores en los que se ejecuta.

- **Compatibilidad con innumerables sensores y actuadores**. Será difícil que encuentre alguno que no sea capaz de manejar. Pero incluso en ese improbable escenario podrá añadir sus propios componentes, si bien en ese caso tendrá que saber programar en C++ (como en Arduino).

- **Fácil integración con controladores domóticos**. Aunque en este manual se utiliza de forma autónoma, cuando quiera dar el salto a sistemas domóticos complejos necesitará integrarlo con un controlador domótico. En este sentido, Home Assistant es la mejor opción (el controlador domótico gratuito y de código abierto más popular), ya que ESPHome fue adquirido por Nabu Casa, empresa patrocinadora de dicho controlador.

- **Conectividad**. Permite establecer comunicaciones, tanto locales con otros dispositivos conectados a la misma red wifi como a través de Internet. Además, el manejo de protocolos como HTTP y MQTT facilita el uso de servicios en la nube que amplían notablemente la funcionalidad del sistema.

- **Automatización de tareas**. Hace posible la realización de acciones específicas ante ciertas condiciones (por ejemplo, encender una luz cuando se detecte movimiento).

Esto, unido a una amplia y activa comunidad, hace que ESPHome esté en constante evolución, con frecuentes actualizaciones que añaden nuevas capacidades y aumentan su seguridad y fiabilidad. Esa misma comunidad ofrece también un excelente soporte, al que, tarde o temprano, terminará acudiendo para resolver los problemas que indefectiblemente surgirán durante el desarrollo de sus propios sistemas domóticos.

En este sentido, la siguiente imagen muestra la página oficial de ESPHome, donde se encuentra su canal de Discord, los foros, así como el historial de versiones y cambios realizados en cada una de ellas ("Changelog").

Por último, pero no por eso menos importante, cabe destacar la amplia y estructurada documentación existente, una cualidad que desafortunadamente es descuidada por otros productos similares, lo que dificulta su uso y aumenta el sentimiento de frustración y consiguiente abandono de quienes apostaron por ellos.

Ahora que sabe algo más de ESPHome estará deseando empezar a utilizarlo. Eso implica disponer de las herramientas necesarias para generar y cargar el firmware en las placas ESP8266 donde quiera ejecutarlo. Por lo tanto, el primer paso será instalar dichas herramientas en su ordenador y asegurar la comunicación con este tipo de placas a través de un puerto USB.

3.1 INSTALACIÓN DE LAS UTILIDADES

ESPHome no tiene un entorno de desarrollo convencional, sino una serie de herramientas escritas en Python que se ejecutan mediante una interfaz de línea de comandos. De todas ellas, en esta obra aprenderá a manejar las que le permitan crear los archivos de configuración de sus sistemas domóticos, generar el firmware correspondiente y cargarlo en sus dispositivos. Adicionalmente, utilizará otra que arranca una aplicación web local con la que podrá administrarlos de forma gráfica desde una página HTML.

Python es un lenguaje de programación creado a principios de la década de 1990 por Guido van Rossum, cuya afición al grupo de humoristas británicos Monty Python fue el origen de su nombre. Actualmente, es uno de los lenguajes más populares porque resulta sencillo de aprender y muy fácil de usar.

El desarrollo y ejecución de programas en Python requiere la instalación de su entorno, que deberá descargarlo desde https://www.python.org/. Si tiene Windows, como es mi caso, pulse el botón "Download Python". En caso contrario, pulse el enlace correspondiente a su sistema operativo y seleccione la última versión estable.

Una vez finalizada la descarga, ejecútelo. Aparecerá una primera ventana en la que le recomiendo seleccionar la casilla "Add Python to PATH". De esta forma, podrá ejecutar las utilidades Python desde cualquier directorio (concepto equivalente a carpeta). Como pronto descubrirá, las herramientas de ESPHome se invocan como comandos en una ventana de símbolo del sistema. Al marcar esta casilla, Windows siempre sabrá dónde está el intérprete de Python (algo así como el entorno de ejecución de dichos comandos) independientemente del directorio desde el que se llamen.

Hecho esto, pulse sobre el texto "Install Now":

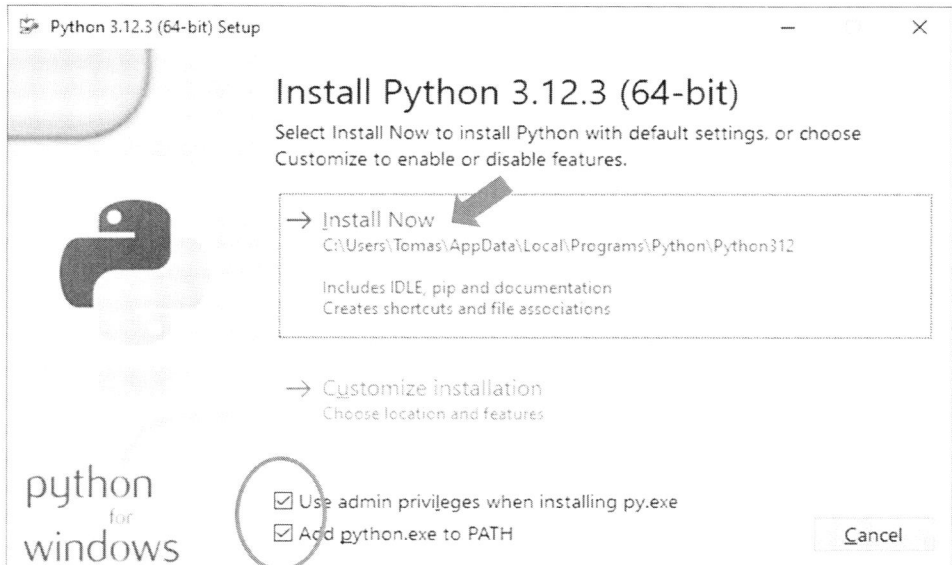

Las siguientes ventanas muestran el avance del proceso hasta su finalización.

Para comprobar que dispone de un entorno Python, abra una ventana de símbolo del sistema en Windows y ejecute el comando:

python --version

Como puede apreciar en la imagen mostrada a continuación, su resultado es la versión que tiene instalada (en este caso, 3.12.3):

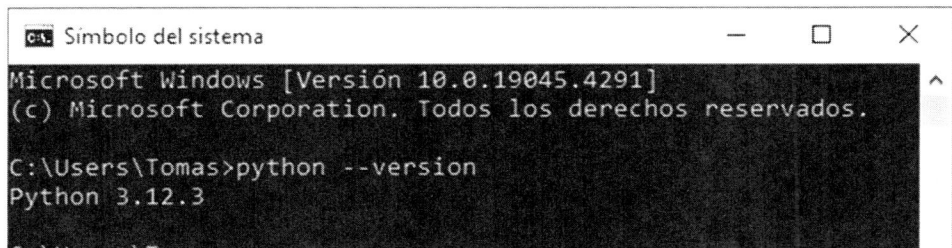

i Si la ejecución de este comando le diera algún error, reinicie el ordenador.

i Algunas distribuciones de Linux tienen varias versiones de Python instaladas. En tales circunstancias, el comando python suele reservarse a Python2, por lo que tendría que usar el comando python3.

i La forma más sencilla de abrir una ventana de símbolo del sistema en Windows es escribir su nombre en el campo de búsqueda situado en la parte inferior izquierda del escritorio. Enseguida le aparecerá un icono sobre el que tendrá que pulsar para abrirla.

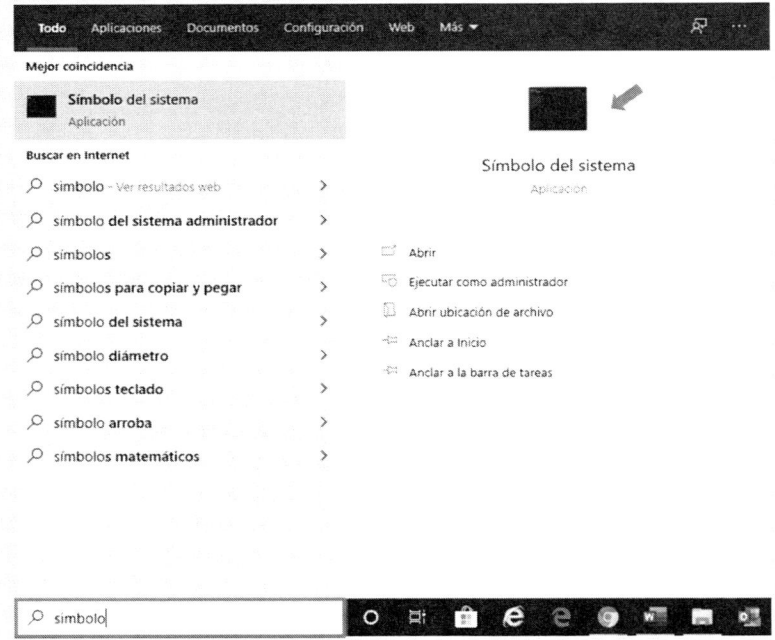

En macOS, utilice la aplicación "Terminal" situada en la carpeta "Utilidades", dentro de "Aplicaciones". En LINUX serviría cualquier consola (también llamada terminal o *shell*).

Ahora, ejecute los siguientes comandos (el segundo cuando haya finalizado el primero):

```
pip3 install wheel
pip3 install esphome
```

El comando `pip3` se utiliza para la gestión de paquetes, en este caso, el de la librería `wheel` (primer comando) requerida por `esphome` (segundo comando).

En versiones anteriores de Python este comando se llamaba `pip` (sin el número 3), acrónimo de *preferred installation program*.

Para comprobar que ESPHome se ha instalado correctamente, ejecute este otro comando, que devuelve el valor de la versión actual:

```
esphome version
```

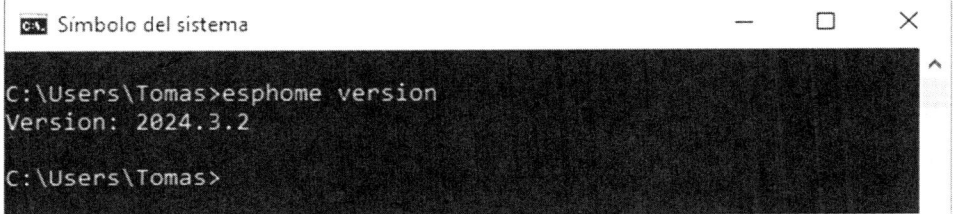

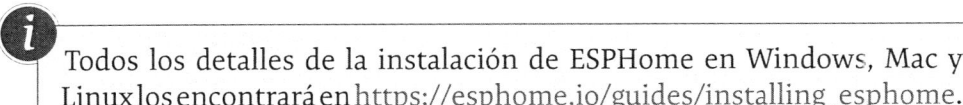

Todos los detalles de la instalación de ESPHome en Windows, Mac y Linux los encontrará en https://esphome.io/guides/installing_esphome.

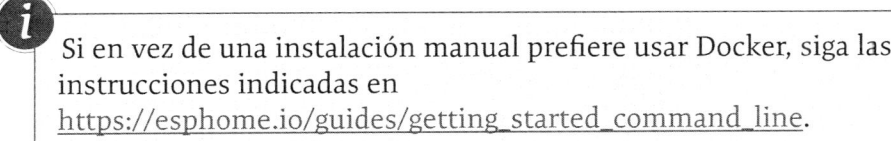

Si en vez de una instalación manual prefiere usar Docker, siga las instrucciones indicadas en https://esphome.io/guides/getting_started_command_line.

En el siguiente capítulo aprenderá a utilizar la interfaz de línea de comandos y el panel web de ESPHome. De todos modos, como la primera vez que cargue el firmware generado por cualquiera de estas herramientas en una placa ESP8266 tendrá que conectarla a un puerto USB, antes deberá instalar los controladores que le permitan reconocerlas.

3.2 INSTALACIÓN DE LOS DRIVERS

Para que un ordenador pueda comunicarse con un dispositivo externo, será necesario disponer del controlador adecuado, en este caso, el de las placas basadas en el SoC ESP8266, más concretamente, el del chip encargado de convertir el protocolo USB a serie (es el que manejan internamente).

 Si ya ha utilizado el IDE Arduino con ESP8266 no necesitará hacer nada.

Entre los chips existentes, el WEMOS D1 utiliza el CH340. El ESP-01 no lo lleva incorporado, por lo que tendrá que adquirir un programador externo basado en él, ya que es el recomendado por ESPHome.

Para instalar el driver de cualquiera de estos chips puede pulsar sobre el enlace correspondiente en https://esphome.io/guides/physical_device_connection.

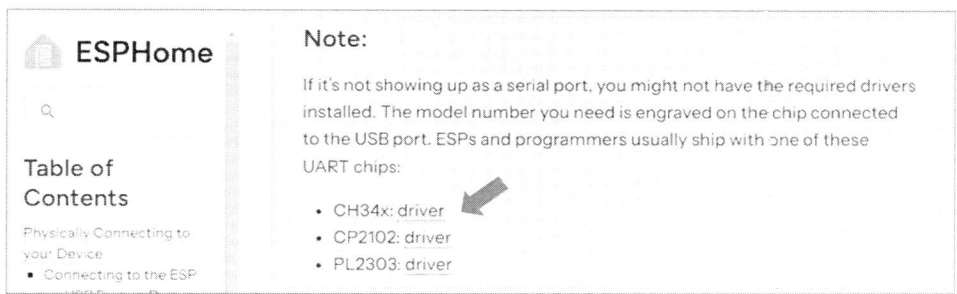

Sin embargo, en el momento de escribir esta obra el enlace referente al CH340 le lleva a un repositorio GitHub donde no se encuentra la versión más actual. Para obtenerla, lo mejor es ir a la página del fabricante. En concreto, aquella de la que puede descargar el driver es https://www.wch.cn/downloads/CH341SER_ZIP.html.

Está en chino, por lo que no le quedará más remedio que seleccionar el idioma inglés pulsando sobre el enlace situado en la esquina superior derecha.

Aunque lo mejor es seleccionar la opción "Traducir a español" del menú que se despliega al hacer clic con el botón derecho del ratón en cualquier parte de la página. Así podrá ver claramente el botón "descargar", que tendrá que pulsar para bajarse el archivo "CH341SER.ZIP" que contiene el instalador del driver.

Descomprímalo en una carpeta con su mismo nombre y ejecute el archivo "SETUP.EXE".

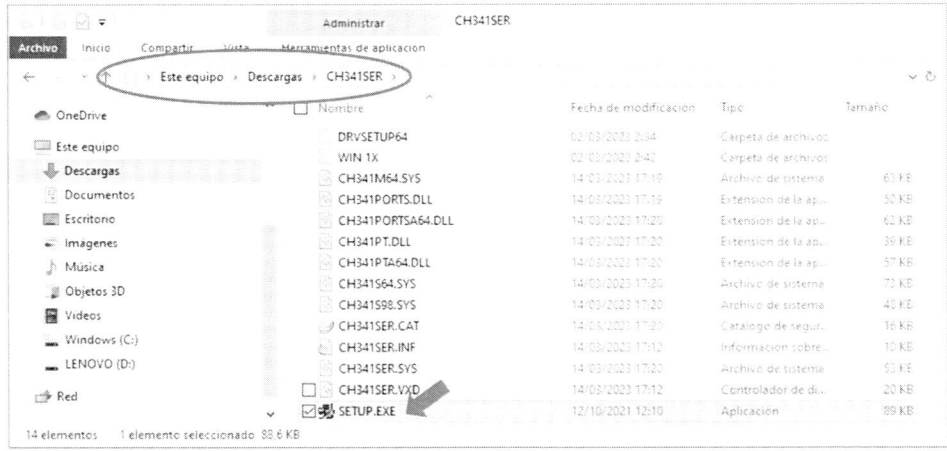

Se abrirá la ventana del instalador del driver, en la que únicamente tendrá que pulsar el botón "INSTALL".

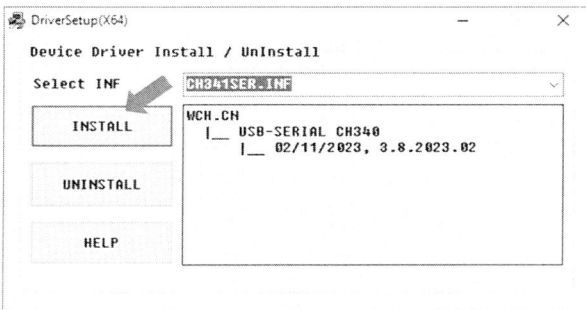

Una vez hecho esto, dispone de todo lo necesario para configurar y cargar el firmware de ESPHome en las placas basadas en el SoC ESP8266.

GENERACIÓN Y CARGA DEL FIRMWARE EN UN DISPOSITIVO

A grandes rasgos, ESPHome puede definirse como un firmware personalizable que se ejecuta en microcontroladores basados en el SoC ESP8266. Se genera a partir de un archivo de configuración que incluye los sensores y los actuadores conectados al dispositivo y las reglas que establecen la forma de controlar los segundos a partir de la información recogida por los primeros.

En ESPHome, el desarrollo de un sistema domótico se resume en cuatro pasos:

- Crear el fichero de configuración base de un dispositivo.
- Incluir los componentes que representan los sensores y actuadores que tiene conectados.
- Añadir las reglas que establecen su comportamiento.
- Generar el firmware y cargarlo en el dispositivo.

Para llevar a cabo este proceso, ESPHome ofrece dos herramientas: una interfaz de línea de comandos y un panel web. Con el fin de ilustrar el manejo de ambas, construirá un primer sistema domótico que le permita encender o apagar una luz (o cualquier otro dispositivo eléctrico) de forma remota desde un ordenador, una tableta o un teléfono móvil. Primero utilizará la interfaz de línea de comandos de ESPHome y una placa WEMOS D1. Luego hará lo mismo con una placa ESP-01 y la consola web.

Antes de comenzar, cree una carpeta llamada "esphome" justo debajo del disco duro. Será donde se almacenarán los archivos de configuración y todo lo relacionado con ellos durante la realización de las prácticas propuestas a lo largo del libro.

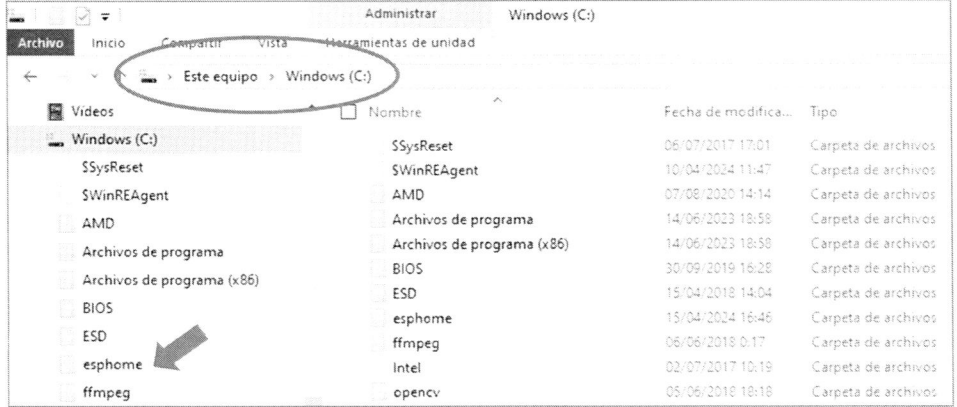

> ℹ Tanto el nombre como la ubicación de la carpeta pueden ser otras diferentes.

Ahora sí, comienza el desarrollo de su primer sistema domótico, inicialmente haciendo uso de la interfaz de línea de comandos.

4.1 LA INTERFAZ DE LÍNEA DE COMANDOS

Como indica su nombre, la interfaz de línea de comandos es una interfaz textual basada en la ejecución de comandos. Serán los que le permitan crear los archivos de configuración, generar el firmware correspondiente y cargarlo en una placa basada en el SoC ESP8266. Como pronto descubrirá, el hecho de que no sea una herramienta gráfica no significa que sea difícil de manejar. Todo lo contrario, ya que los propios comandos le irán guiando paso a paso durante todo el proceso.

> ℹ A este tipo de interfaces se las conoce por el acrónimo inglés CLI *(Command Line Interface)*, en contraposición con las interfaces gráficas o GUI *(Grafical User Interface)*.

La interfaz de línea de comando de ESPHome se basa en la ejecución de comandos que siguen el siguiente formato:

```
esphome comando
```

Alguno ya lo conoce, como el que permitía saber la versión que está utilizando:

```
esphome version
```

Del resto de comandos que ofrece esta interfaz usted solo necesitará conocer dos:

```
esphome wizard archivo_configuración
esphome run archivo_configuración
```

El primero crea un archivo de configuración básico con el nombre pasado como argumento. El segundo genera un firmware a partir del archivo de configuración pasado como argumento y lo carga en una placa ESP8266.

> **i** Todos los comandos y parámetros de esta interfaz se encuentran recogidos en https://esphome.io/guides/cli.html.

4.1.1 Su primer sistema domótico (I)

Lo primero que debe tener claro antes de generar el firmware de un sistema domótico es el circuito del que forma parte la placa basada en el SoC ESP8266 donde se va a cargar. En este caso, se trata de un WEMOS D1 que tiene conectado un relé en el GPIO13.

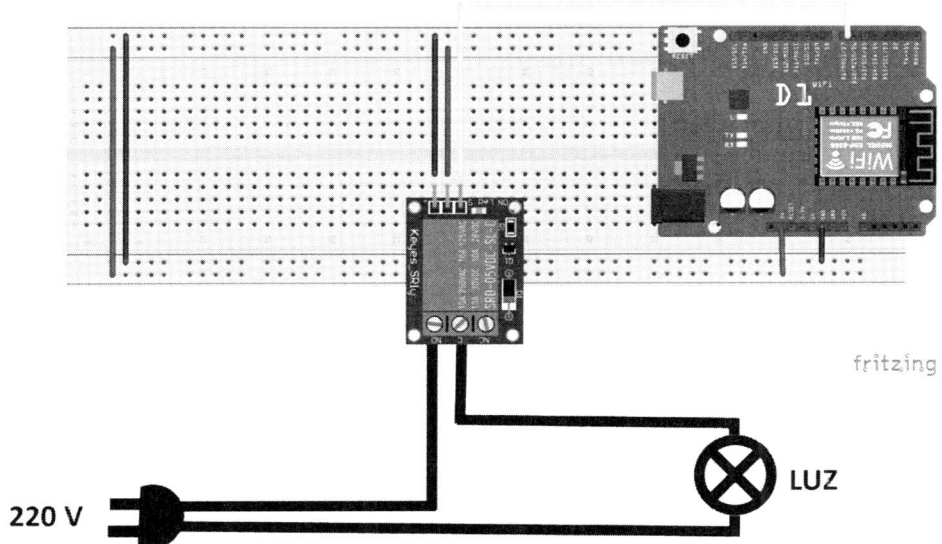

Un relé es básicamente un electroimán (aunque también los hay de estado sólido) que se estimula por medio de una corriente de control muy débil, mediante la que se abre o se cierra un circuito de mucha mayor potencia.

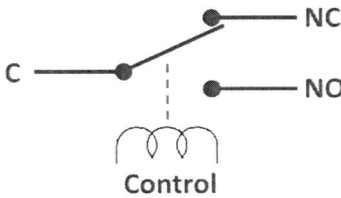

Los relés normalmente se venden en una o varias unidades (el de la siguiente imagen contiene cuatro), con los circuitos electrónicos de separación entre la baja y la alta tensión integrados.

Como se puede apreciar, soportan tensiones alternas de 250 V y 10 A, por lo que sería posible usarlos con aparatos de hasta 2.5 kW.

> ℹ️ El manejo de la corriente eléctrica es peligroso y requiere conocimientos que no se dan en esta obra, ya que solo se explican conceptos relacionados con el control domótico. Si no los tuviera, realice los ejercicios sin conectar el circuito a la red eléctrica y deje la instalación final del sistema a alguien con experiencia.

Un relé se compone de tres pines de baja tensión: dos de alimentación (GND y VCC) y un tercero de control con el que se activa o se desactiva. Además de los pines de baja tensión, un relé tiene tres clemas con tornillos que aprisionan los cables conectados al aparato eléctrico que se quiere controlar. Estas clemas se etiquetan con las siglas C *(Central)*, NC *(Normally Closed)* y NO *(Normally Opened)*. El circuito que lleva la corriente de red debe conectarse entre la clema C y cualquiera de las otras dos. Si quiere que el aparato se encienda al activar el relé, engánchenlo a la clema NO. De lo contrario, hágalo a la clema NC.

> *i* En las placas con más de un relé, los pines GND y VCC del circuito de control son comunes a todos ellos.

4.1.1.1 *Creación del archivo de configuración*

El primer paso para generar el firmware que se ejecutará en el ESP8266 es la creación de un fichero con la configuración básica de ESFHome. A tal efecto, abra una ventana de símbolo del sistema y acceda a la carpeta donde quiera almacenarlo con el comando:

```
cd ruta_carpeta
```

En nuestro caso:

```
cd c:/esphome
```

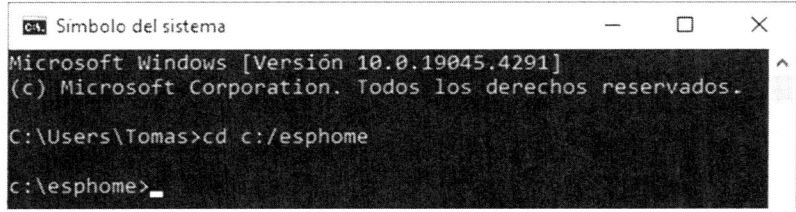

El comando cd es el acrónimo de *change directory* (cambio de directorio), que es como se llama a las carpetas en este contexto. Su argumento es la ruta del directorio al que se quiere acceder. Observe que, una vez ejecutado, el *prompt* (texto a partir del que se escriben los comandos) cambia para indicar la ruta del directorio en el que se encuentra actualmente ("c:/esphome").

> *i* En el *promtp*, el carácter '/' se muestra como '\'.

Si quisiera volver al directorio padre (en este caso, al raíz o disco duro "c:"), el comando sería:

```
cd ..
```

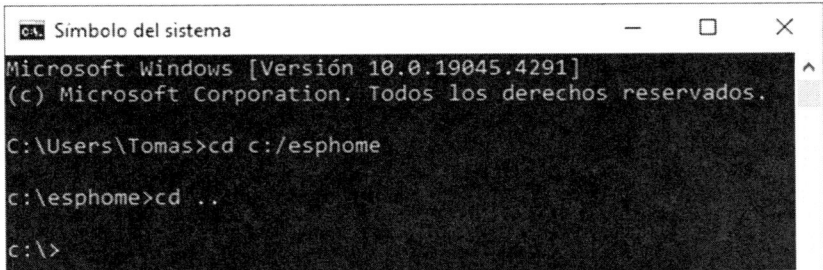

Es decir, el directorio padre se representa con dos puntos ("..").

> ℹ️ En Windows, el directorio padre es la carpeta dentro de la que está contenida aquella en la que se encuentra actualmente.

Por el contrario, para bajar un nivel en la jerarquía de directorios (ir a una subcarpeta), solo tendría que escribir el nombre de la carpeta a la que quiere acceder. Por ejemplo, para volver de nuevo a la carpeta "esphome", el comando utilizado ahora sería:

```
cd esphome
```

La primera vez que ejecutó el comando cd hizo falta poner el *path* completo del directorio al que quería acceder porque este no se encontraba debajo del que estaba (no era un subdirectorio). Si observa el *prompt* de la primera pantalla, yo ya estaba en el directorio "c:/Users/Tomas", que es el que Windows me asignó al dar de alta mi cuenta de usuario (motivo por el que aparece por defecto al abrir una ventana de símbolo del sistema).

A las rutas que parten del directorio raíz (el disco duro) se las llama absolutas, y a las que parten del directorio actual rutas relativas. Por ejemplo, el comando `cd c:/esphome` utiliza una ruta absoluta, mientras que la de `cd esphome` es relativa. El primer comando le llevaría a la carpeta "esphome" que hay debajo del directorio raíz (el disco duro, "c:/") independientemente de dónde se encontrara. Con el segundo iría a la carpeta "esphome" que hay debajo del directorio actual. Si no existiera, el comando devolvería un error.

Una vez que esté en el directorio "esphome", ejecute el siguiente comando para crear un archivo de configuración básico llamado "luz-salon.yaml":

```
esphome wizard luz-salon.yaml
```

Se trata de un asistente *(wizard)* que le irá guiando en el proceso de creación de dicho archivo, el cual está compuesto por cuatro pasos.

En el primero se le solicita el nombre del dispositivo donde se va a cargar el firmware. Solo podrá contener caracteres en minúscula, dígitos y guiones (24 como máximo). Cuando un firmware se instala en un único dispositivo, su nombre generalmente se hace coincidir con el del archivo de configuración, como en este caso ("luz-salon"). Naturalmente podrá elegir cualquier otro.

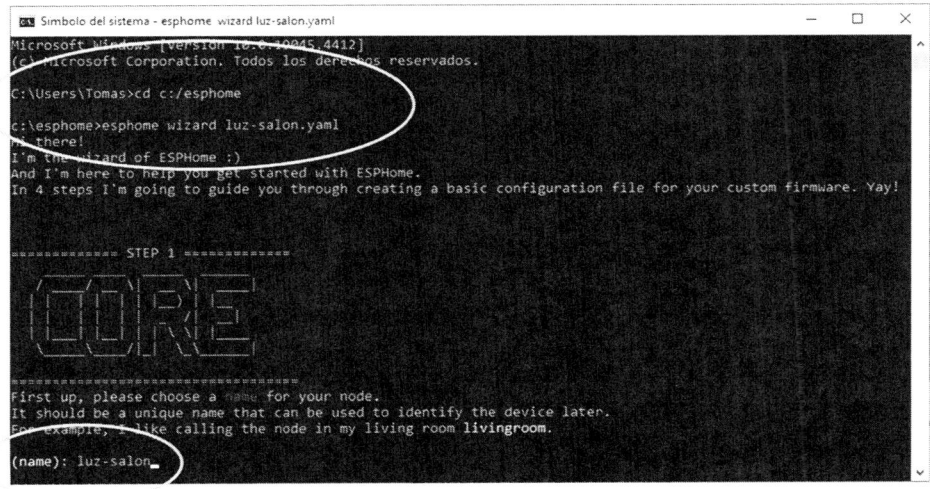

En el segundo paso se le pregunta por el tipo de microcontrolador en el que se va a ejecutar el firmware (las posibles opciones son las que hay entre paréntesis). Escriba ESP8266 y pulse "Intro".

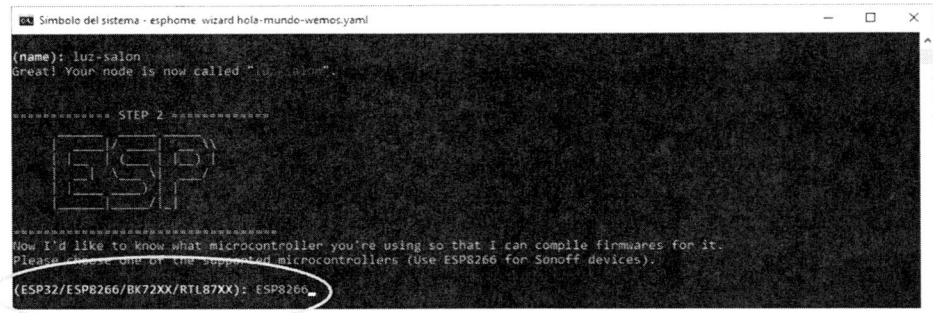

A continuación, se le pide el código de la placa basada en dicho microcontrolador. Deberá elegir una de las mostradas con el formato:

- código de la placa - nombre de la placa

Como en este caso se va a utilizar un WEMOS D1 R1, se trata del código "d1", tal como demuestra la siguiente captura de pantalla, donde aparecen todas las placas:

```
- d1 - WEMOS D1 R1
```

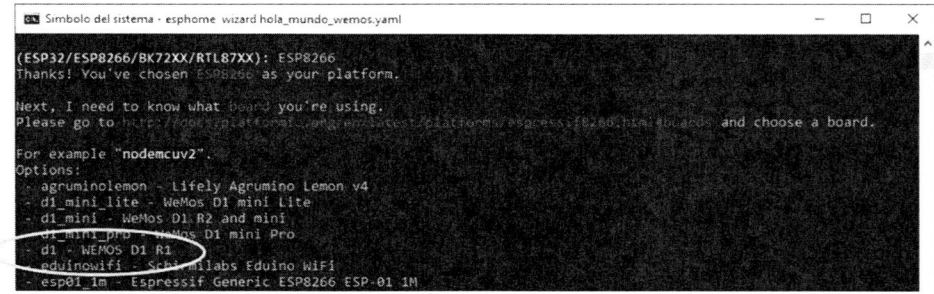

Por lo tanto, escriba d1 y pulse "Intro".

En el tercer paso tendrá que introducir el nombre y contraseña de la red wifi a la que se va a conectar el dispositivo.

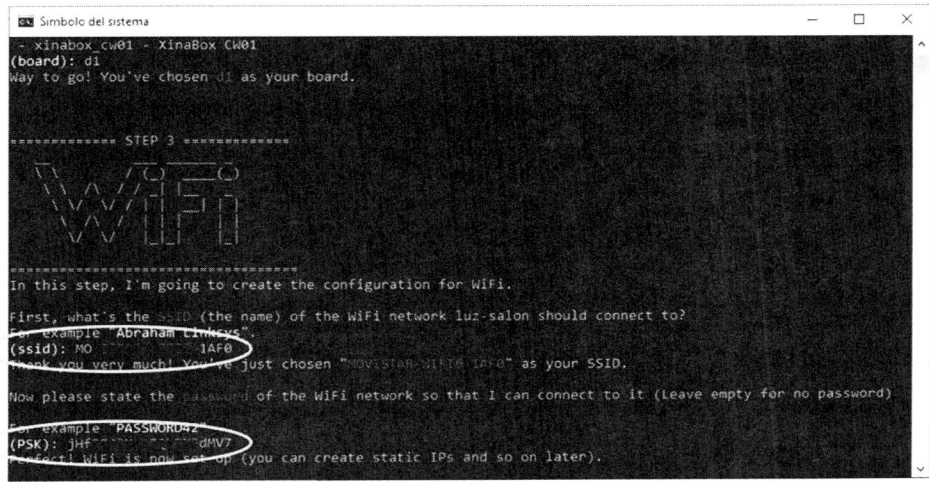

En el último paso se le solicita una nueva contraseña, lo que requiere una explicación previa.

Aunque la primera vez que cargue el firmware en una placa ESP8266 tendrá que conectarla necesariamente a uno de los puertos USB del ordenador, a partir de ese momento también podrá hacerlo de forma inalámbrica a través de la red wifi. Es lo que se conoce como tecnología OTA *(Over The Air)*, mediante la que es posible actualizar el firmware de un dispositivo sin necesidad de moverlo de su ubicación. Esto es algo que resulta de gran importancia cuando se tienen muchos dispositivos o se encuentran situados en ubicaciones de difícil acceso (por ejemplo, dentro de una caja de distribución cerca del techo).

Pues bien, cada vez que use la tecnología OTA para cargar un nuevo firmware, el dispositivo le solicitará la contraseña introducida en este último paso como medida de seguridad. Así, tendrá la confianza de que nadie podrá modificar su comportamiento de forma maliciosa.

Por comodidad, supondremos que los dispositivos están en la red wifi de nuestra casa y que es de confianza. Bajo esta premisa no será necesario introducir ninguna contraseña (pulse solo "Intro").

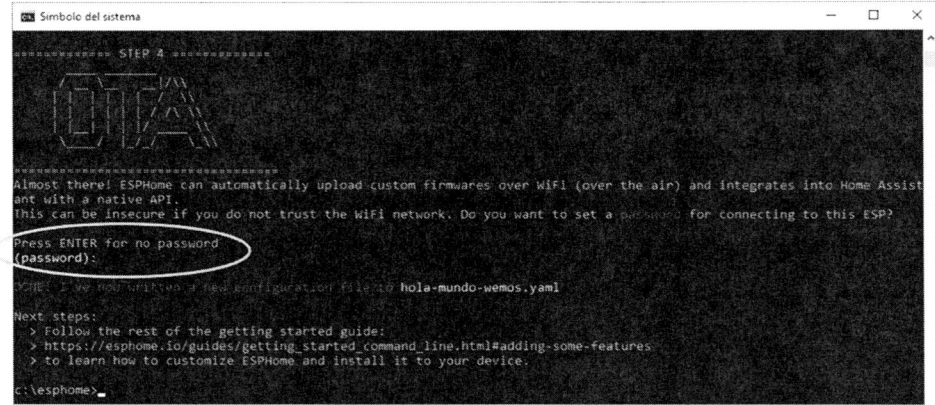

Acaba de crear su primer archivo de configuración ESPHome. Para comprobarlo, abra el explorador de Windows y acceda a la carpeta "esphome".

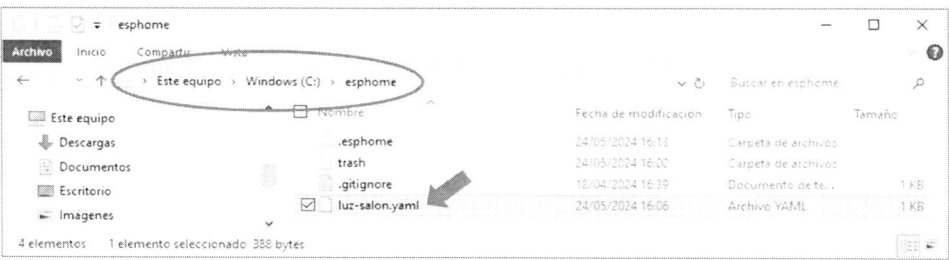

Allí encontrará el archivo "luz-salon.yaml" con lo mínimo necesario para ejecutar ESPHome en un dispositivo. Aquel en el que posteriormente tendrá que añadir los componentes que representan los sensores y actuadores que forman parte del sistema, así como la lógica que permita utilizar los datos de los primeros para controlar los segundos.

Se trata de un archivo muy sencillo que se puede abrir con cualquier editor de texto como Notepad, Notepad++, GitHub Atom, Apple TextEdit, etc., aunque uno de los más populares es Visual Studio Code, que detecta automáticamente que se trata de un archivo YAML por su extensión.

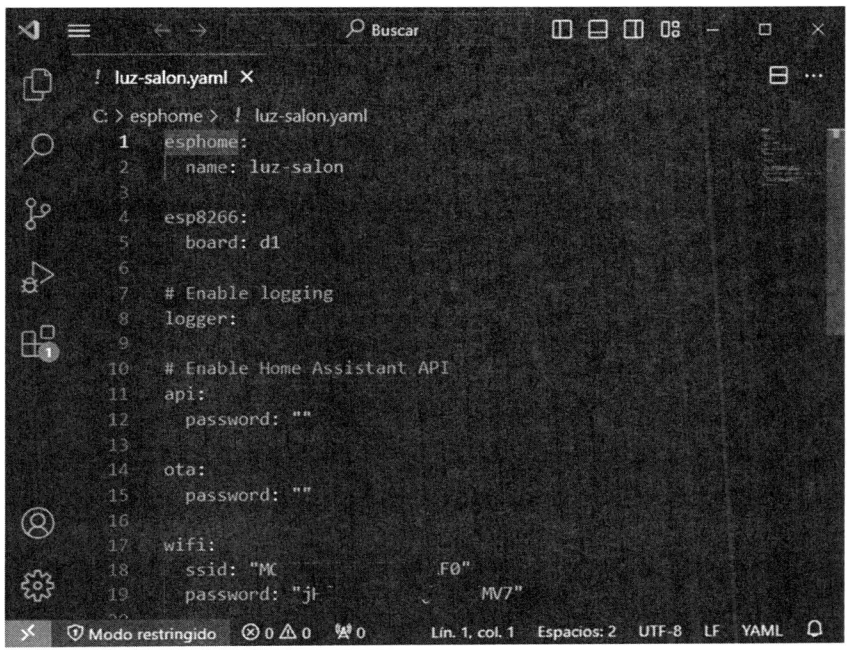

Si le interesara trabajar con este editor, no dude en descargarlo de https://code.visualstudio.com/download.

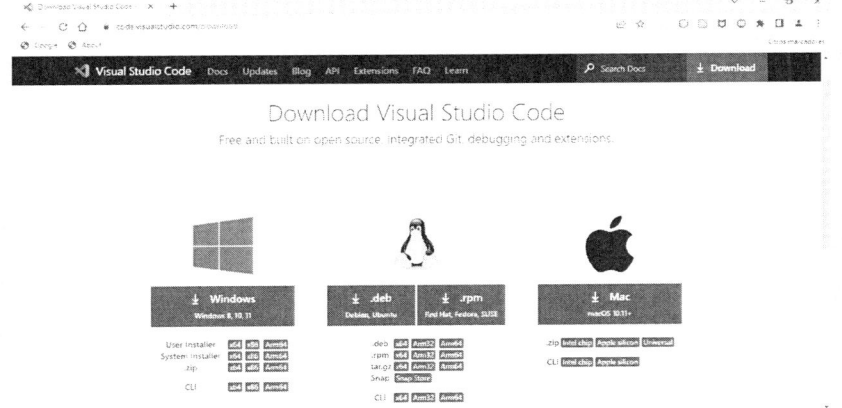

De las opciones ofrecidas para Windows, elija un instalador. Hay dos: "User Installer" (instalador de usuario) y "System Installer" (instalador del sistema). La diferencia entre ambos es que el primero lo instala a nivel de usuario (no requiere privilegios de administrador) y el segundo a nivel de sistema.

Como se ha venido repitiendo en diversas ocasiones, el archivo de configuración contiene los sensores y actuadores que componen el sistema domótico. Puesto que en este caso se utilizará para activar/desactivar un relé que encienda/apague una luz de forma remota, tendrá que añadirle todo lo necesario para poder controlarlo desde un navegador web.

Eso es precisamente lo que hará en las siguientes secciones.

4.1.1.2 *Incorporación de componentes al archivo de configuración*

Como ya sabe, el archivo de configuración que acaba de generar solo contiene la información imprescindible para conectar el dispositivo a la red wifi y poco más. Por lo tanto, tendrá que incluir todos los componentes, tanto físicos como lógicos, que forman parte de su sistema, en este caso:

- **Relé**. Componente físico que permite abrir o cerrar el circuito eléctrico de una luz.
- **Servidor web**. Componente lógico que permite acceder al dispositivo a través un navegador.

Para obtener la información de configuración de un relé, vaya a la web de ESPHome https://devices.esphome.io/ y seleccione "Relays" en el panel izquierdo. En el derecho parecerán todos los tipos de relés que reconoce ESPHome. Seleccione el genérico.

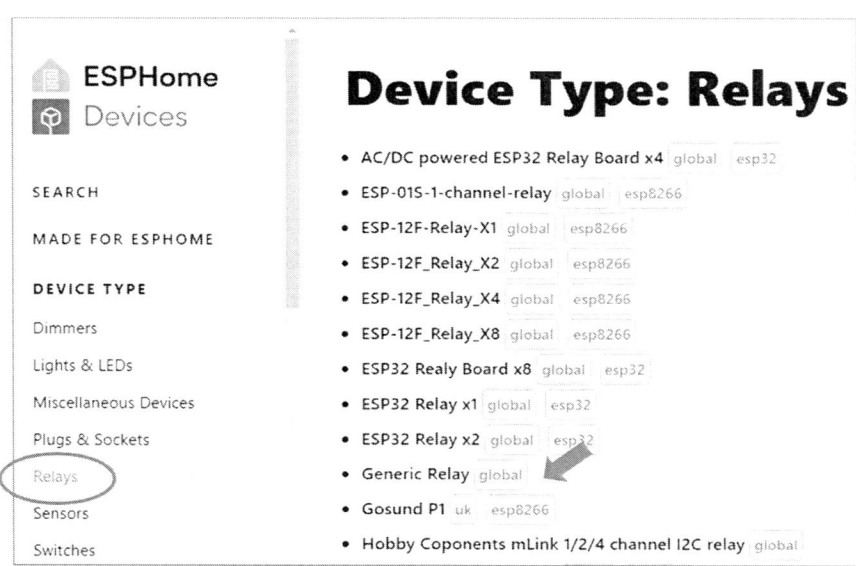

Verá la imagen de un relé similar al que se va a utilizar en este ejercicio.

Y un poco más abajo encontrará las líneas de código YAML que deberá copiar y pegar en su archivo de configuración para que ESPHome lo reconozca y, en consecuencia, sepa manejarlo. Pulse en el botón "Copy" situado en la esquina superior izquierda y pegue el contenido al final del archivo "luz-salon.yaml".

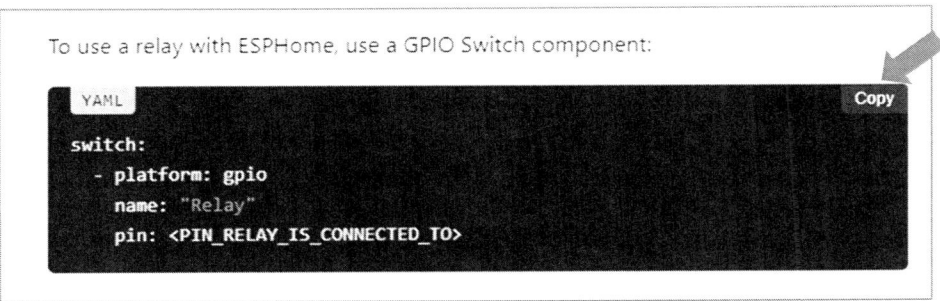

> **i** Aunque se use el término código, los archivos YAML no son programas ejecutables, sino especificaciones de estructuras de datos. En el siguiente capítulo descubrirá todo lo que ofrece este lenguaje.

La palabra `switch` identifica el nombre de un dominio, que en ESPHome representa una categoría de componentes similares, en este caso concreto, aquellos que se pueden encender (activar) o apagar (desactivar), como, por ejemplo, un relé. Los dominios se utilizan con fines organizativos, ya que todos sus componentes comparten las mismas opciones (variables) de configuración, algunas de las cuales son obligatorias y otras opcionales.

En el código del ejemplo anterior se pueden observar dos de las variables de configuración obligatorias del dominio switch:

- **platform.** Tipo específico de hardware o tecnología en la que está basado un componente. ESPHome lo usa para configurar adecuadamente su comportamiento de acuerdo a dichas características. En este sentido, cuando toma el valor gpio significa que será controlado por el nivel (alto o bajo) del GPIO al que está conectado.

- **pin.** GPIO al que está conectado el componente.

Entre las variables opcionales de este dominio se ha incluido solo una:

- **name.** Nombre del componente. Será el que aparezca en el interfaz web, por lo que deberá elegir uno que describa claramente para qué sirve.

En resumen, el código YAML que representa el relé conectado al GPIO13 de su primer sistema domótico sería:

```
switch:
  - platform: gpio
    name: "interruptor"
    pin: 13
```

Elija el nombre que quiera para la variable name. El de la variable pin también puede ser GPIO13 o D7.

No modifique el sangrado de cada línea (espacios que hay a la izquierda) ni cualquier otro carácter salvo el valor de las variables name y pin, ya que podría provocar errores sintácticos que impedirían la generación del firmware. Por último, asegúrese de que no haya espacios ni tabuladores en la línea donde copie el código anterior (los términos switch y captive_portal deben estar a la misma altura).

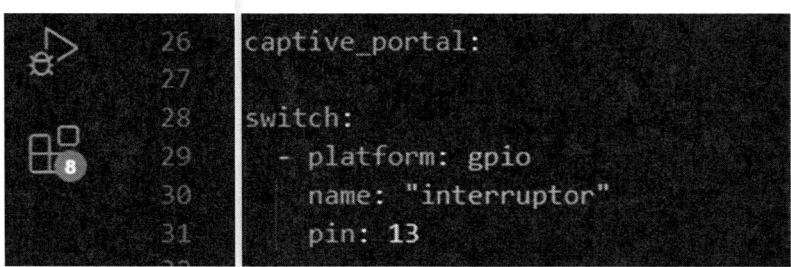

En el próximo capítulo se describirá la sintaxis de YAML.

Una vez especificado el relé conectado al GPIO13 que hará la función de interruptor de la luz, solo faltaría añadir al fichero de configuración lo necesario para controlarlo desde un navegador web. Como estos acceden a servidores web, no le quedará más remedio que instalar uno en su dispositivo.

Para obtener el componente YAML que lo representa, acceda a la web de ESPHome (https://esphome.io) y escriba su nombre ("web server") en el campo de búsqueda situado en la parte superior izquierda de la página. A su derecha parecerá un panel con todas las coincidencias, la primera de las cuales ("Web Server Component") es la que está buscando. Pulse sobre ella.

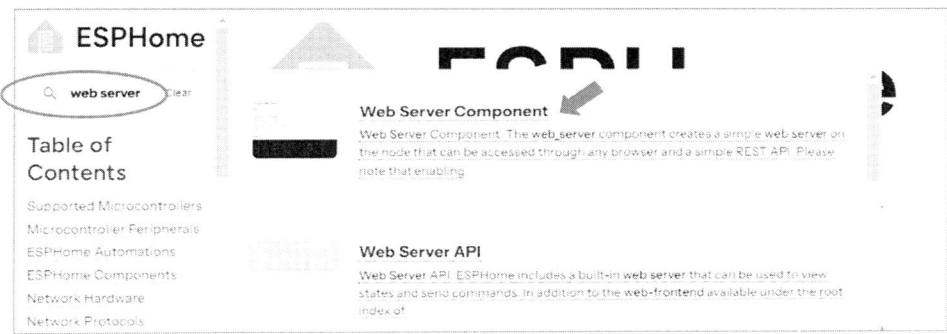

Se abrirá una nueva página en la que, de nuevo, encontrará las líneas de código YAML que deberá copiar y pegar en su archivo de configuración. En la imagen siguiente puede comprobar que se trata del componente web_server. El código de ejemplo incluye la variable de configuración port, cuyo valor (80) especifica el puerto por el que el servidor web atendería las peticiones HTTP. Al ser el valor por defecto, no es necesario ponerla.

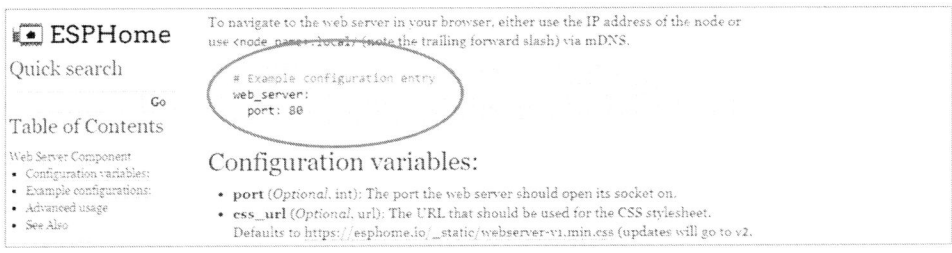

En resumen, añada solo esta línea de código al final del fichero de configuración "luz-salon.yaml":

```
web_server:
```

De nuevo, asegúrese de que no haya espacios ni tabuladores en la línea donde copie el código anterior (los términos `web_server` y `switch` deben estar a la misma altura).

```
26   captive_portal:
27
28   switch:
29     - platform: gpio
30       name: "interruptor"
31       pin: 13
32
33   web_server:
```

No se olvide de guardar los cambios realizados antes de continuar.

4.1.1.3 *Generación y carga del firmware en el dispositivo*

Una vez incorporados los componentes que representan el relé y el servidor web al archivo de configuración, solo queda generar el firmware y cargarlo en el dispositivo. En primer lugar, conecte el WEMOS a uno de los puertos USB del ordenador. Luego, abra una ventana de símbolo del sistema y acceda a la carpeta donde se encuentra.

```
cd c:/esphome
```

Si quiere asegurarse de que está allí, ejecute el siguiente comando:

```
dir
```

```
Símbolo del sistema                                          —   □   ×

c:\esphome>dir
 El volumen de la unidad C es Windows
 El número de serie del volumen es: 40DE-7920

 Directorio de c:\esphome

24/05/2024  16:13    <DIR>          .
24/05/2024  16:13    <DIR>          ..
24/05/2024  16:13    <DIR>          .esphome
18/04/2024  16:39               175 .gitignore
24/05/2024  16:06               388 luz-salon.yaml
24/05/2024  16:00    <DIR>          trash
               2 archivos            563 bytes
               4 dirs  59.922.776.064 bytes libres

c:\esphome>
```

Verá los archivos y subdirectorios del directorio actual, entre los que debe aparecer el archivo "luz-salon.yaml".

Una vez hecha esta comprobación, ejecute el comando:

```
esphome run luz-salon.yaml
```

A partir de ese momento comenzará la descarga y compilación de todo el código necesario para la generación del firmware.

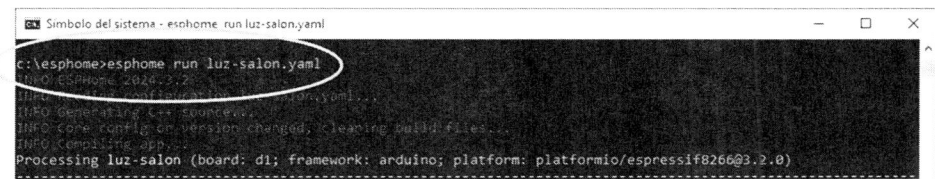

Este proceso puede llegar a tardar varios minutos, por lo que deberá esperar pacientemente hasta que finalice, momento en el que el asistente solicitará si quiere cargarlo en la placa a través del USB (aparece el puerto COM al que está conectado) o por el aire (OTA). Seleccione la primera opción (escriba 1 y pulse "Intro"), ya que es la primera vez que lo hace.

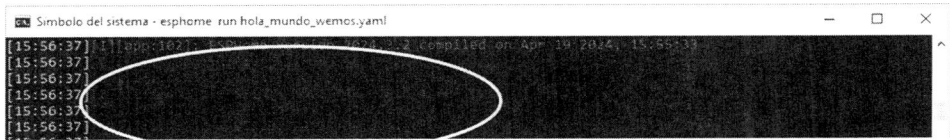

A partir de ese momento comenzará el proceso de carga, tras el que se reiniciará la placa, lo que provocará su conexión a la red wifi y el arranque del servidor web.

Para acceder a él necesitará conocer su dirección IP, información que aparece junto con otros datos de red como resultado de la ejecución de este comando. Haga *scroll* hacia arriba hasta encontrarlos.

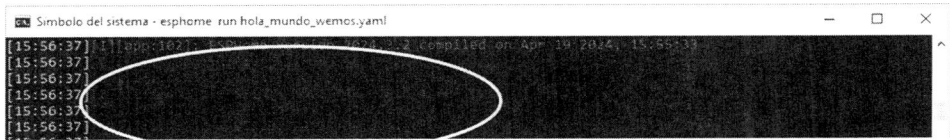

Se trata de los siguientes:

```
WiFi:
  …
  SSID: 'MO***********F0'
  IP Address: 192.168.1.34
  …
  Hostname: 'luz-salon'
  …
  Subnet: 255.255.255.0
  Gateway: 192.168.1.1
  …
```

De todos ellos, el valor que busca es la IP Adress. Solo tendrá que escribirlo en la barra de direcciones de cualquier navegador para acceder al dispositivo.

Naturalmente, el navegador puede ejecutarse en un ordenador, una tableta o un teléfono móvil. La única condición es que esté conectado a la misma red wifi del dispositivo. La siguiente imagen muestra el aspecto de esta misma página en un teléfono móvil con los dos temas que admite (claro y oscuro). Solo tiene que pulsar sobre el deslizador asociado a "Esquema" para alternar entre uno y otro.

Todo eso está muy bien, pero lo que seguramente esté deseando es probar que el sistema funciona realmente. Solo tiene que pulsar sobre el interruptor cuyo estado es "Apagado" para escuchar el característico clic que hace el relé cuando se activa. En ese mismo instante, la luz se encenderá y el campo "State" tomará el valor "ON".

Es importante destacar que la información de cambio de estado del relé procede del propio dispositivo, tal como se puede comprobar en la ventana de *log*. Eso asegura el cumplimiento de la orden que acaba de dar.

Time	level	Tag	Message
16:53:04	[D]	[switch:012]	'interruptor' Turning ON.
16:53:04	[D]	[switch:055]	'interruptor': Sending state ON

Si hubiera varios navegadores conectados al mismo dispositivo, dicho estado se actualizaría en todos ellos de forma simultánea y mostrarían el estado actual del relé, independientemente aquel desde el que se hubiera dado la orden de encendido o apagado de la luz.

4.2 EL PANEL WEB

Llegados a este punto, ¿qué le parecería crear el archivo de configuración, generar el firmware y cargarlo en un dispositivo ESP8266 desde una agradable interfaz web, en lugar de la interfaz de línea de comandos? Suena bien, aunque con esta alternativa no se librará por completo de la ventana de símbolo del sistema, ya que dicha interfaz no es más que una aplicación que se ejecuta en un servidor web que, previamente, tendrá que arrancar con el comando:

```
esphome dashboard directorio_configuración
```

El parámetro de este comando es el directorio donde están almacenados los archivos de configuración de sus dispositivos (en nuestro caso "c:/esphome").

Este comando puede ejecutarse desde cualquier directorio.

Al tratarse de una utilidad especial de ESPHome, antes tendrá que instalar todo lo que requiere para su funcionamiento mediante este otro comando de Python:

```
pip install tornado esptool
```

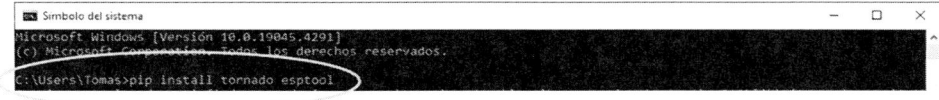

Ahora sí, ejecute el comando dashboard usando como argumento el directorio donde se encuentran los archivos YAML de todos sus nodos (de momento solo uno):

```
esphome dashboard c:/esphome/
```

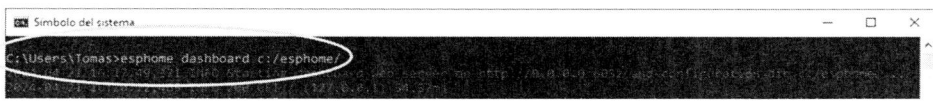

ℹ️ A los dispositivos también se les llama nodos. Un mismo sistema domótico puede estar formado de uno o más nodos.

ℹ️ La primera vez que lo haga seguramente le salga un mensaje de alerta del firewall de Windows. Permita el acceso a las redes privadas tal como se muestra en la siguiente imagen:

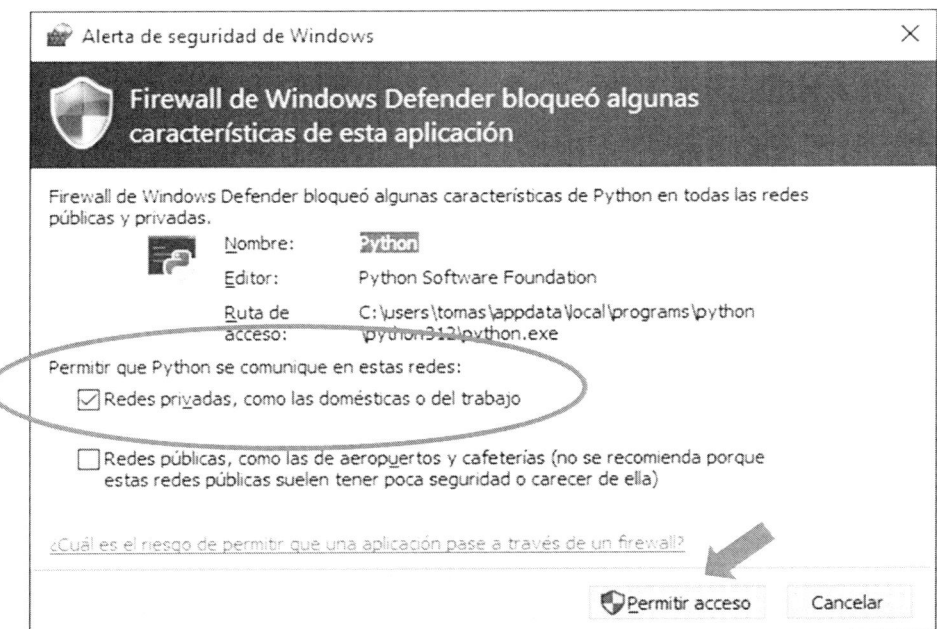

La dirección de acceso a dicho servidor web es:

```
localhost:6052
```

Abra un navegador (preferiblemente Chrome o Edge) y acceda a dicha dirección.

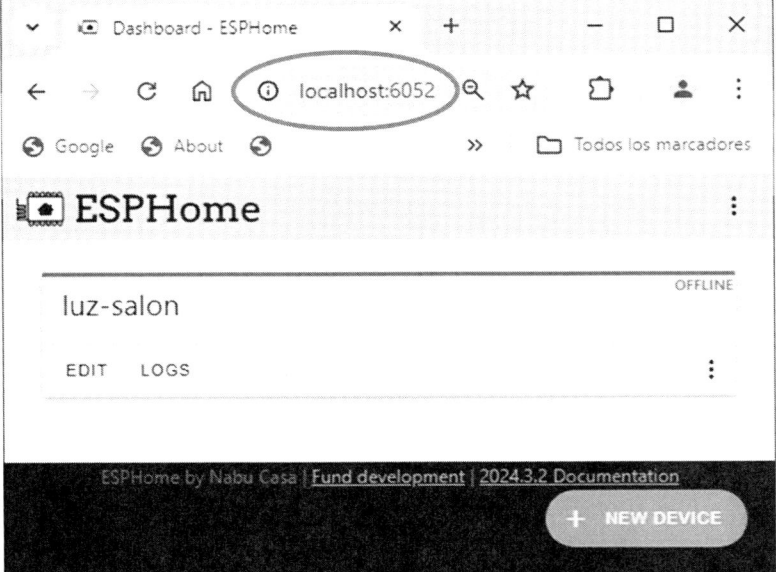

Allí verá el nodo "luz-salon" que acaba de crear en el ejercicio anterior junto con su estado. En este caso es "OFFLINE" porque el dispositivo está apagado.

Cada nodo tiene tres botones en la parte inferior:

- **"VISIT"**. Abre una nueva pestaña en el navegador con la dirección del nodo ("http:/luz-salon.local"). En la imagen anterior no aparece porque el dispositivo está apagado.

- **"EDIT"**. Abre un editor en el que podrá modificar el archivo de configuración.

- **"LOGS"**. Muestra los mensajes de *log* del nodo (tanto si el dispositivo está conectado al ordenador como de forma inalámbrica).

En la parte inferior derecha del nodo hay un menú desplegable (los tres puntos verticales), entre cuyas opciones destacan aquellas con las que se puede validar la sintaxis del archivo de configuración antes de generar el firmware ("Validate"), cargarlo en el dispositivo ("Install"), renombrar el nodo ("Rename hostname"), borrar todos los archivos generados durante la compilación de un firmware ("Clean Build Files") o solo el archivo de configuración ("Delete").

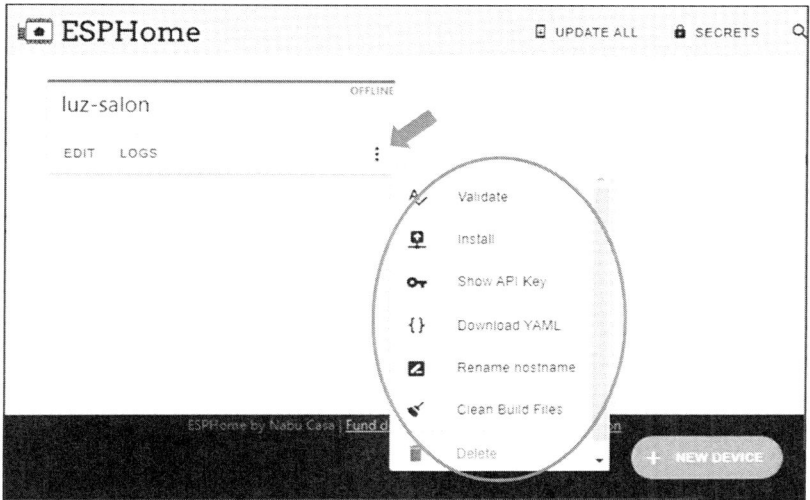

La opción "Download YAML" descarga en su ordenador el archivo de configuración de este nodo. Es útil cuando se accede al dispositivo desde otro diferente al que se utilizó para cargar el firmware. La opción "Show API Key" muestra la clave exigida para la integración del dispositivo con Home Assistant (no va a necesitar usarla).

Además de las opciones descritas, puede haber otras según el estado del nodo. El significado de todas ellas lo encontrará en https://esphome.io/guides/getting_started_hassio.html.

En la parte superior derecha del panel web (no del nodo) hay dos botones que merece la pena explicar:

- **"UPDATE ALL"**. Actualiza el firmware de todos los nodos.
- **"SECRETS"**. Abre el archivo donde se guardan las contraseñas requeridas por su sistema (se describe más adelante).

Por último, en la parte inferior derecha se encuentra el botón "+ NEW DEVICE", el cual le permitirá crear nuevos nodos.

Le animo a probar todas y cada una de estas opciones una vez finalizada la siguiente práctica, en la que desarrollará un nuevo sistema domótico que hace lo mismo que el primero, pero con una placa diferente.

4.2.1 Su primer sistema domótico (II)

A diferencia del ejercicio anterior, en esta ocasión la placa utilizada será un ESP-01, lo que supone tener que montar dos circuitos diferentes: uno para la carga del firmware y otro para su ejecución. El circuito de carga siempre es el mismo (se describió en un capítulo anterior), por lo que el mostrado a continuación corresponde al de ejecución, compuesto por un relé conectado al GPIO0 del ESP-01.

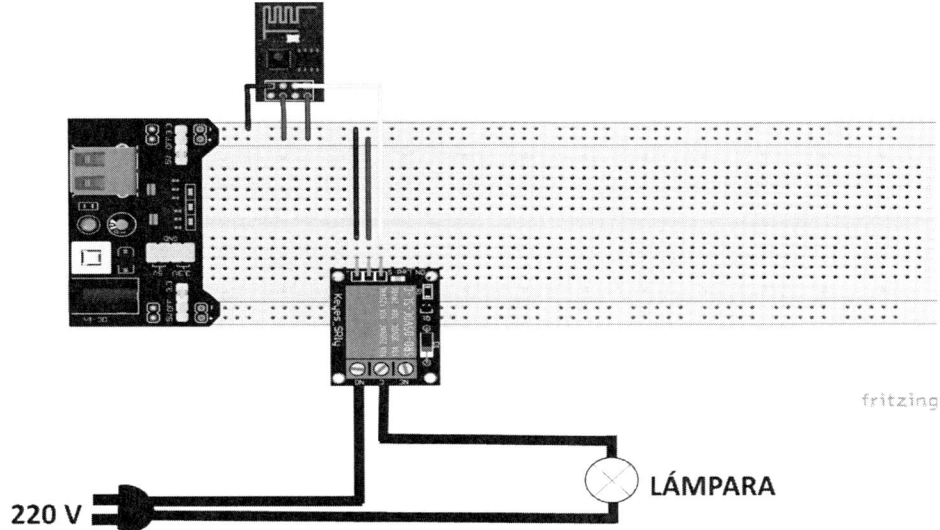

Si no quiere montar este circuito, existen pequeñas placas que incluyen un relé y un conector en el que se insertaría el ESP-01 que quiera controlar (previamente ha debido cargar un firmware). En la siguiente imagen aparece una de ellas con y sin el ESP-01.

En la parte derecha se identifican las clemas GND y VCC, de las que se obtiene la tensión que alimenta tanto el ESP-01 como el circuito de control del relé. En unos casos es de 3.3 V y en otros de 5 V, por lo que deberá prestar especial atención al voltaje de aquel que haya adquirido para no dañar la placa. A su lado se encuentran las clemas COM, NO y NC, que formarán parte del circuito de alta tensión.

Esta pequeña placa conecta generalmente el relé al GPIO0 del ESP-01. Téngalo en cuenta a la hora de especificar este componente en el archivo de configuración.

4.2.1.1 *Creación del archivo de configuración*

En esta ocasión, tanto la creación del archivo de configuración y su edición, como la generación del firmware y su carga en el dispositivo, se hará desde el panel web de ESPHome. Por lo tanto, antes de usar esta herramienta no se olvide de ejecutar el siguiente comando en una ventana de símbolo del sistema:

```
esphome dashboard c:/esphome/
```

Una vez arrancado el servidor web, abra un navegador y acceda a la dirección:

```
local:6052
```

Una vez allí, lo primero que tendrá que hacer es crear un nuevo nodo. Pulse el botón "New Device".

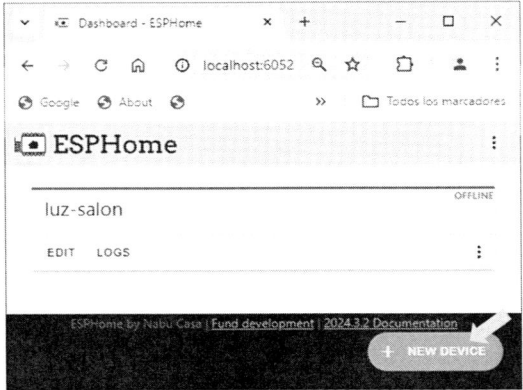

Se abre una ventana emergente en la que deberá escribir el nombre del nodo, el SSID de la red wifi y su contraseña. Llame al nodo "luz-dormitorio" (sin las comillas), rellene los datos de su red wifi y pulse el botón "NEXT".

> ℹ Recuerde que el nombre del nodo (dispositivo) solo puede contener caracteres en minúscula, dígitos y guiones (24 como máximo).

La siguiente pantalla solicita la conexión de la placa al puerto USB, en este caso, el programador. No lo haga porque todavía no va a instalar el firmware en el dispositivo (antes hay que añadir al archivo de configuración los componentes que representan el relé y el servidor web, tal como hizo en el ejercicio anterior). Por lo tanto, pulse el botón "SKIP THIS STEP".

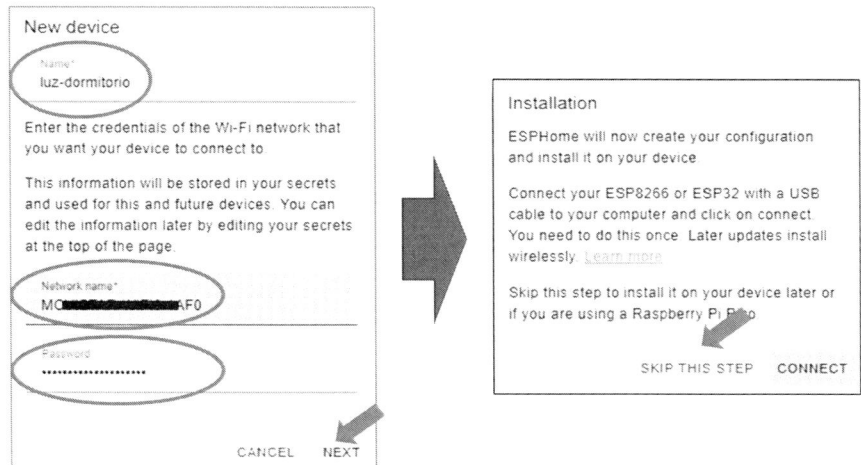

A continuación, seleccione el microcontrolador "ESP8266". Aparecerá una última pantalla en la que tendrá que volver a pulsar el botón "SKIP" para evitar que se genere el firmware y se instale en el dispositivo.

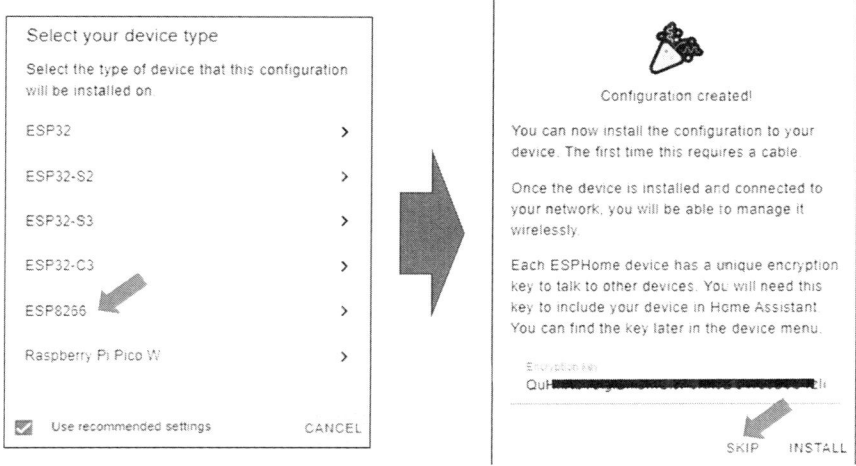

La clave mostrada en esta última pantalla se utilizaría para integrar el dispositivo con Home Assistant (no la va a necesitar). Tarda unos segundos en aparecer, no pulse el botón "CANCEL".

Con esto finaliza la creación del nodo "luz-dormitorio", que verá reflejado en el panel web al lado del que ya tenía ("luz-salon"). Su estado es OFFLINE porque todavía no tiene ningún firmware instalado.

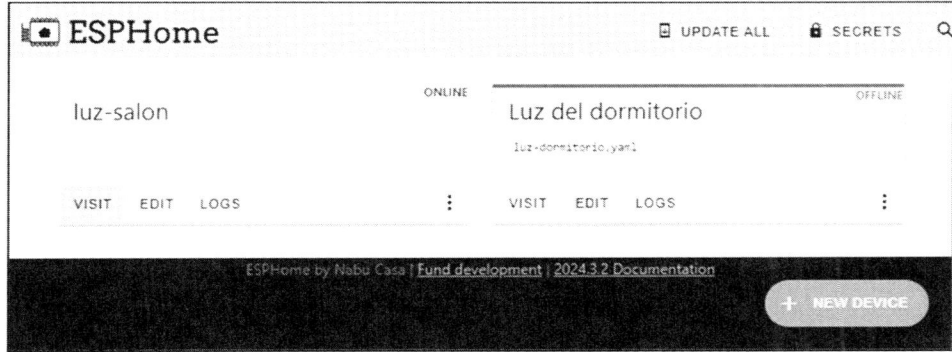

Si entra en la carpeta "c:/esphome", comprobará que contiene el archivo de configuración de este nuevo nodo, cuyo nombre coincide con el del nodo ("luz-dormitorio.yaml").

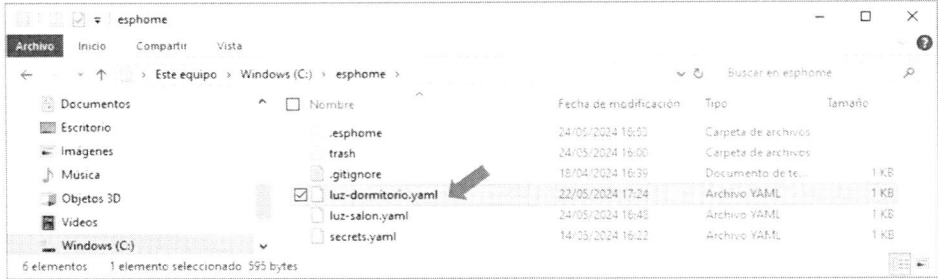

Observe que también se ha creado el archivo "secrets.yaml". Dentro de poco sabrá para qué sirve y cómo se utiliza.

Aunque en el ejercicio anterior abrió dicho archivo con su editor de texto favorito, en esta ocasión lo hará desde el propio panel web pulsando la opción "EDIT" del nodo.

Se abrirá un editor web, que es tan fácil y cómodo de usar como cualquier otro. En su contenido observará una serie de diferencias respecto del archivo de configuración generado desde la interfaz de línea de comandos.

La primera es que el componente `esphome` incluye la variable de configuración `friendly_name`. Su valor será utilizado por el controlador domótico Home Assistant cuando se integre con él, pero también aparecerá como el título de la página web del dispositivo.

```
esphome:
  name: luz-dormitorio
  friendly_name: luz-dormitorio
```

La segunda diferencia es de mayor calado, ya que el valor de la variable de configuración `board` del componente `esp8266` revela que se emplea un tipo de placa genérica (`esp01_1m`). Es decir, que no distingue entre las diferentes placas basadas en el SoC ESP8266, tal como sucede con el asistente ejecutado en la interfaz de línea de comandos. No es de extrañar porque, si lo recuerda, en la secuencia de pantallas del proceso de creación del nodo solo se preguntó por el tipo de microcontrolador, no por el tipo de placa.

```
esp8266:
  board: esp01_1m
```

Esto solo afecta a los alias de los pines, el tamaño de la memoria flash y algunas configuraciones internas. Aunque no sea problemático, si lo desea puede sustituir dicho valor por esp01, ya que es el correspondiente al de un ESP-01 (es el código que hubiera elegido en el segundo paso del asistente de línea de comandos).

Otra novedad es que se genera automáticamente el componente api que habilita el uso del API nativa de Home Assistant.

```
api:
 encryption:
   key: "Y*****************Q="
```

Elimínelo, ya que si el dispositivo no se pudiera integrar con este controlador domótico se reiniciaría cada quince minutos. No se olvide de hacer esto en TODAS las prácticas que realice en los próximos capítulos.

> Si bien es cierto que la eliminación de este componente no afecta al uso de las herramientas de ESPHome, algunas funcionalidades avanzadas, como la supervisión de *logs* en tiempo real, podrían requerirlo para funcionar correctamente.

Lo que seguramente le resulte más llamativo es que ya no aparece el nombre de la red wifi y su contraseña en el propio archivo de configuración.

```
wifi:
 ssid: !secret wifi_ssid
 password: !secret wifi_password
```

En su lugar, las variables de configuración ssid y password del componente wifi tienen como valor la directiva !secret, que informa a ESPHome de que dicha información está almacenada en el archivo "secrets.yaml" (situado en la misma carpeta que el archivo de configuración) con las claves wifi_ssid y wifi_password. Para comprobarlo, solo tiene que ir a la carpeta "esphome" y abrir dicho fichero, o, si lo prefiere, pulsar el botón "SECRETS" situado en la esquina superior derecha del panel web.

Allí encontrará el nombre de la red wifi y su contraseña, datos que serán reutilizados por el resto de dispositivos creados a partir de ahora desde el panel web.

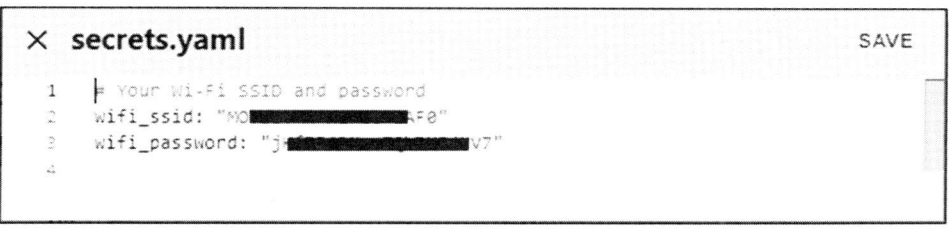

4.2.1.2 *Incorporación de componentes al archivo de configuración*

Después de crear el archivo de configuración básico, lo siguiente que va a hacer es añadir los componentes que le permitan controlar el relé desde una página web. Serán los mismos del ejercicio anterior. La única diferencia es que ahora el valor de la variable `pin` del dominio `switch` es 0 (en vez de 13), ya que en esta ocasión el relé está conectado al GPIO0.

```
switch:
  - platform: gpio
    name: "interruptor"
    pin: 0
web_server:
```

Pulse el botón "EDIT" del nodo "luz-dormitorio" para abrir el archivo de configuración, incluya ambos componentes y guárdelos con el botón "SAVE".

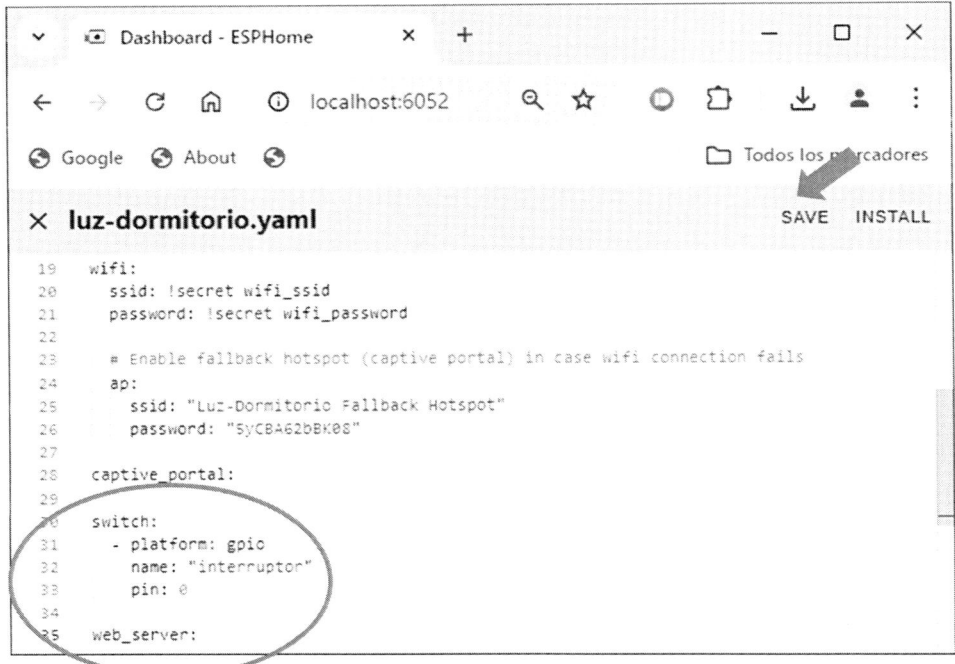

4.2.1.3 *Generación y carga del firmware en el dispositivo*

Una vez finalizada la edición del archivo de configuración, solo tiene que pulsar el botón "INSTALL" para generar el firmware y cargarlo en la placa. Evidentemente, deberá tener conectado el programador a uno de los puertos USB del ordenador. El circuito empleado será aquel en el que el ESP-01 está en el modo programación.

Aparecerá una primera pantalla en la que tendrá que seleccionar la opción "Plug into this computer". En la segunda verá los puertos serie (COM) ocupados. Elija el de su dispositivo (si hubiera varios, desconecte los demás para que solo quede uno).

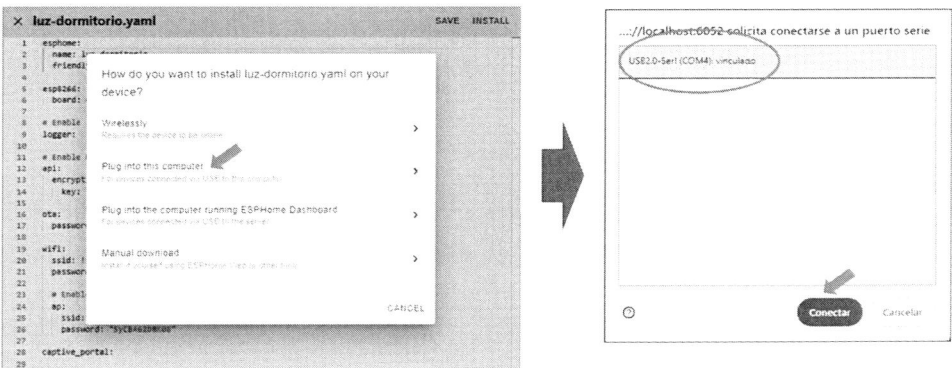

Si en este punto hubiera algún problema de conexión, se mostraría un mensaje de error informando que no hay ningún dispositivo compatible. Al pulsar el botón "Cancelar" (no se puede hacer otra cosa) se abriría otra pantalla con los enlaces desde los que se pueden descargar los drivers del programador (CP212, CHG342, CH343, CH9102, CH340 y CH341). Se trata de la página web del fabricante chino que ya conoce.

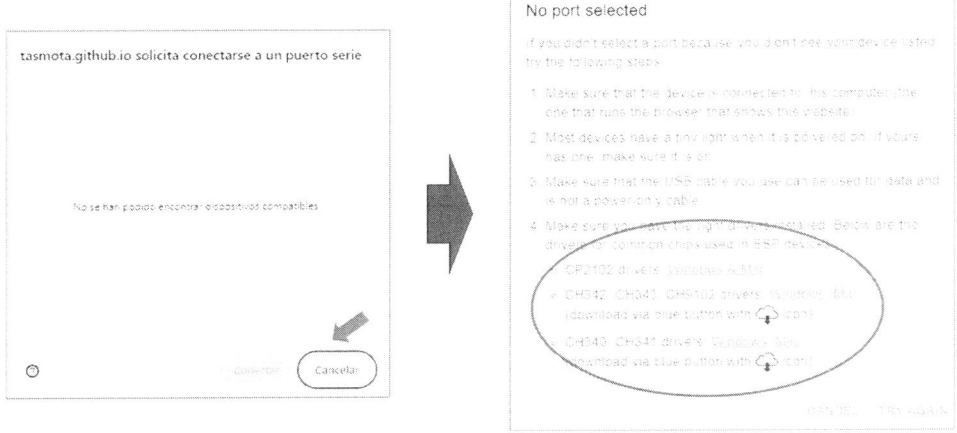

Si no hubiera ningún problema (se ha utilizado un programador con el chip CH340), transcurridos unos minutos finalizaría el proceso de generación del nuevo firmware y su posterior carga en la placa (tenga paciencia).

Desconecte el programador del puerto USB, extráigale el ESP-01 e insértelo en el módulo del relé (o monte el circuito utilizado en el modo ejecución descrito en una sección previa). En el momento que lo alimente empezará a ejecutarse el firmware recién cargado.

> ℹ️ Para cerrar el editor, y regresar a la página principal del panel web, pulse sobre el aspa que hay a la izquierda del nombre del archivo de configuración.

Ya solo falta comprobar que el sistema funciona correctamente. A tal efecto, pulse el botón "VISIT" del nodo "luz-dormitorio" en el panel web de ESPHome. Se abrirá una nueva pestaña donde verá el interruptor con el que podrá encender o apagar la luz del dormitorio.

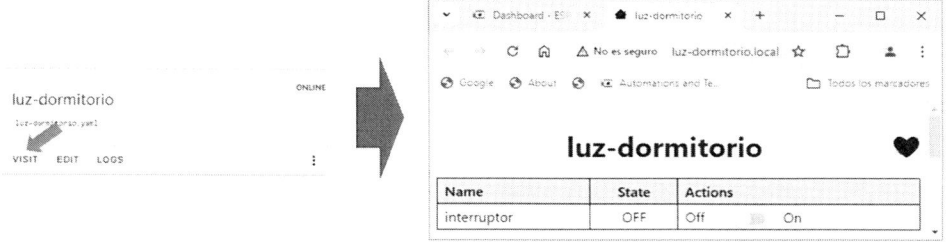

> ℹ️ Recuerde parar el servidor cuando termine de trabajar con el panel web pulsando la combinación de teclas Ctrl+C en la ventana de símbolo de sistema donde ejecutó el comando `dashboard`. De lo contrario, aunque cerrara el navegador, el servidor web seguiría ejecutándose. Por la misma razón, antes de abrir de nuevo del panel web no se olvide de volver a arrancarlo.

4.3 ACTUALIZACIÓN DEL FIRMWARE VÍA OTA

Hasta ahora, la carga del firmware se ha realizado con el dispositivo conectado al puerto USB de un ordenador. Así deberá ser siempre la primera vez. Sin embargo, en las siguientes podrá hacerse vía OTA, es decir, de forma inalámbrica. Aunque a primera vista pueda parecerle una tecnología novedosa, es la que utilizan los teléfonos móviles cada vez que sale una nueva versión del sistema operativo.

La principal ventaja de esta tecnología es su capacidad para actualizar el firmware de un dispositivo sin necesidad de conectarlo físicamente a un ordenador. Esto es especialmente importante si se encuentra en una ubicación de difícil acceso (por ejemplo, en el techo de una habitación, que es donde habitualmente se colocan los sensores de presencia). Además, si el número de dispositivos fuera elevado, tener que ir conectándolos uno a uno al ordenador supondría una pérdida de tiempo innecesaria al ser accesibles desde un navegador.

Para demostrar lo fácil que resulta usar esta tecnología, la pondrá en práctica con el firmware que acaba de desarrollar, aquel que le permitía encender y apagar la luz del dormitorio. Antes, modificará su archivo de configuración para que el título de la página web no sea el nombre del nodo, sino el texto "Luz del dormitorio".

Así pues, abra dicho archivo y sustituya el valor de la variable `friendly_name` ("luz-dormitorio") del componente `esphome` por el texto anterior:

```
esphome:
  name: luz-dormitorio
  friendly_name: "Luz del dormitorio"
```

Luego, pulse el botón "SAVE" para guardar el cambio y el botón "INSTALL" para generar e instalar el nuevo firmware en el dispositivo. En esta ocasión, seleccione la opción "Wirelessly" en la primera pantalla (en vez de "Plug into this computer"), ya que es la que actualiza el firmware vía OTA.

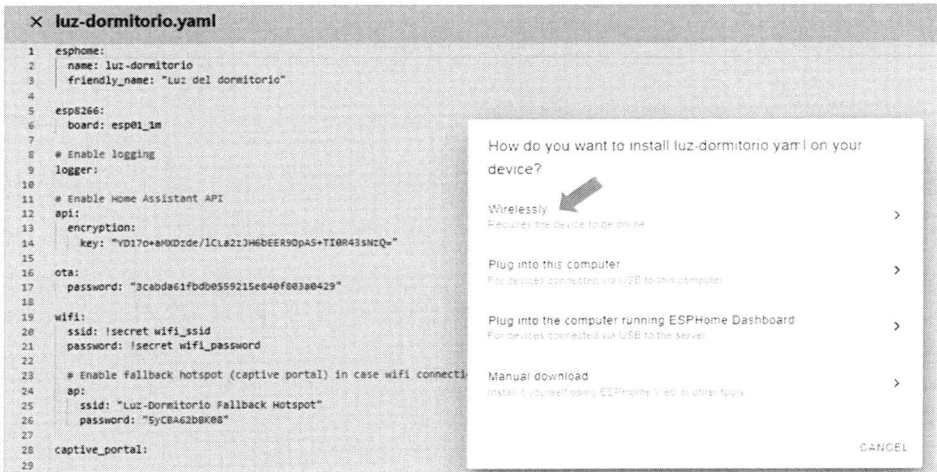

La siguiente pantalla tiene un aspecto muy similar a la del símbolo del sistema. En ella podrá seguir todo el avance del proceso, que finalizará con los mensajes "INFO OTA successful" e "INFO successfully uploaded program" (entre otros). Ambos informan de la correcta carga del firmware.

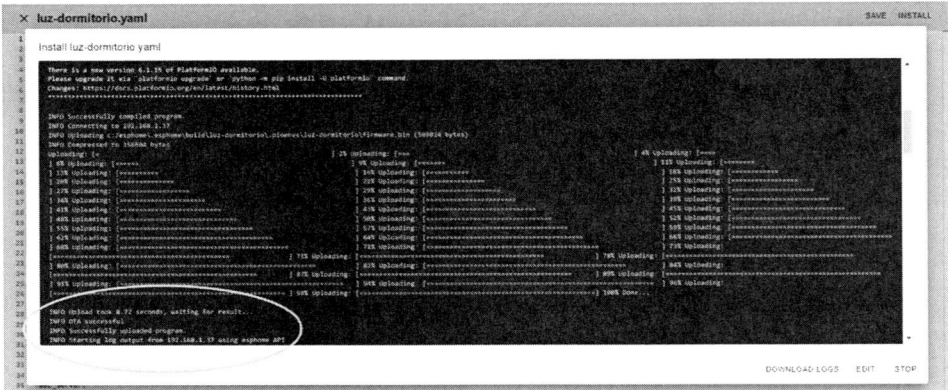

¿Se ha dado cuenta de que ni siquiera ha tenido que poner el ESP-01 en el modo programación? Esa es la magia de la tecnología OTA.

La mejor forma de comprobar que el firmware se ha actualizado con éxito es acceder al dispositivo pulsando el botón "VISIT" de su nodo en el panel web de ESPHome. Comprobará que ahora el título de la página es el texto "Luz del dormitorio".

> ℹ️ Observe que el nombre del nodo coincide con el título de la página web (y el de la pestaña del navegador).

4.4 DIRECCIONES IP ESTÁTICAS

Seguro que le habrá llamado la atención el hecho de que desde el panel web no se accede al dispositivo por su dirección IP, sino por el nombre del nodo:

```
http://nombre_nodo.local
```

Incluso de esta otra forma más sencilla (cuando en la URL no se indica el protocolo, el navegador supone que es HTTP):

```
nombre_nodo.local
```

Para comprobarlo, solo tiene que abrir una nueva pestaña u otro navegador y escribir la siguiente dirección para ver de nuevo la página web del dispositivo que acaba de crear:

```
luz-salon.local
```

Desafortunadamente, no siempre es posible el uso de nombres (especialmente desde teléfonos móviles), por lo que la única forma de llegar al dispositivo sería a través de su dirección IP. Aun así, esto tampoco supone ninguna seguridad, ya que el rúter utiliza el protocolo DHCP (*Dynamic Host Configuration Protocol*, Protocolo de Configuración Dinámica de Host) para asignar direcciones IP de forma dinámica a los dispositivos en el momento de conectarse a la red wifi. Por lo tanto, si lo apagara en algún momento, al encenderlo podría adquirir otra dirección IP diferente, lo que le obligaría a ir tanteando todas hasta dar con la correcta.

La solución a este problema consiste en el uso de direcciones IP estáticas. Para que su dispositivo tenga la suya deberá hacer uso de la variable de configuración `manual_ip` del componente `wifi`. El valor de dicha variable es un objeto formado por sus propias variables de configuración:

- `static_ip`. Dirección IP del dispositivo.
- `subnet`. Máscara de subred.
- `gateway`. Dirección IP del rúter.

El valor de `static_ip` es la dirección IP estática que se quiere asignar al dispositivo. Evidentemente, deberá usar una que no esté siendo utilizada por otros dispositivos conectados a la misma red wifi (televisores inteligentes, impresoras inalámbricas, ordenadores portátiles, teléfonos móviles, etc.).

> ⓘ Existen herramientas de uso libre, como Angry IP Scan (https://angryip.org/), que le ayudarán a saber qué direcciones IP están ya ocupadas.

El valor de subnet es la máscara de red y se utiliza para conocer qué parte de una dirección IP identifica a la propia red local y cuál a los dispositivos conectados a ella. Dicho valor suele ser 255.255.255, lo que indica que la red está formada por tres números en el rango 0-255 separados por puntos (por ejemplo, 192.168.1) y un número adicional que se asignaría a los diferentes dispositivos que se conectaran a ella. Por ejemplo, si su primer sistema domótico fuera el 34, su dirección IP sería 192.168.1.34.

> ⓘ A una red wifi podrían llegar a conectarse 256 dispositivos (en realidad 254, ya que el número 0 está reservado y el 1 suele ser el del rúter).

El valor del gateway es la dirección del rúter. Tal como se acaba de indicar en la nota anterior, generalmente es la terminada en el número 1 (por ejemplo, la 192.168.1.1). Nunca la asigne a sus dispositivos.

Para poner en práctica estos nuevos conocimientos, asigne la dirección IP 192.168.1.100 al dispositivo que controla la luz del salón (se supone que no está ocupada). Para ello, abra el archivo de configuración del nodo desde el panel web (botón "EDIT") y añada las siguientes líneas:

```
wifi:
  ssid: !secret wifi_ssid
  password: !secret wifi_password
  manual_ip:
    static_ip: 192.168.1.100
    gateway: 192.168.1.1
    subnet: 255.255.255.0
```

> ⓘ Se supone que las direcciones IP de la red wifi empiezan por los números 192.168.1. Si en su caso fueran otros diferentes, no dude en sustituirlos.

Guarde los cambios, genere el firmware y cárguelo en el dispositivo (botones "SAVE" e "INSTALL" del editor web).

Ahora, para acceder al nodo solo tendrá que escribir su dirección IP estática en cualquier navegador.

> ℹ️ Naturalmente, siempre podrá utilizar el nombre del nodo allí donde le funcione.

4.5 PUNTO DE ACCESO DEL DISPOSITIVO

Imagine que tuviera que cambiar el rúter de su casa, ya fuera por una avería, porque contratara otra compañía telefónica o, simplemente, porque decidiera modificar la contraseña. En estas circunstancias, sus dispositivos dejarían de funcionar. Esto no sería ningún problema si estuvieran a mano, ya que solo tendría que conectarlos a su ordenador y cargar un nuevo firmware con las credenciales actuales, pero si los hubiera situado en una ubicación de difícil acceso sería un inconveniente. Para evitarlo, los dispositivos ESPHome activan automáticamente un punto de acceso cuando no pueden conectarse a ninguna red wifi durante más de un minuto. Este le permitirá cambiar la configuración wifi de forma inalámbrica e, incluso, cargar un nuevo firmware con la nueva.

El punto de acceso es representado mediante el componente ap (acrónimo de *Acces Point*), que se incluye automáticamente al crear el fichero de configuración. Dispone de dos variables:

- **ssid**. Nombre de la red del punto de acceso.
- **password**. Contraseña.

Puede mantener los valores que tiene por defecto o cambiarlos por otros diferentes, como, por ejemplo:

```
ap:
  ssid: "Luz del dormitorio"
  password: "abcd1234"
```

 Las contraseñas deben tener al menos ocho caracteres.

Para probar la red de acceso de su primer sistema domótico, modifique el valor de la variable ssid o password del componente wifi por uno que no exista (simularía un cambio de rúter).

```
wifi:
  ssid: "no_existo"
  password: !secret wifi_password
```

Guarde los cambios realizados en los componentes ap y wifi, genere el firmware y cárguelo en el dispositivo. Espere un minuto y, desde un ordenador o un teléfono móvil, busque las redes wifi existentes, entre las tiene que estar la del punto de acceso de su dispositivo ("Luz del dormitorio"). Pulse sobre ella e introduzca la contraseña correspondiente ("abcd1234"). Aparecerán todas las redes wifi actualmente accesibles.

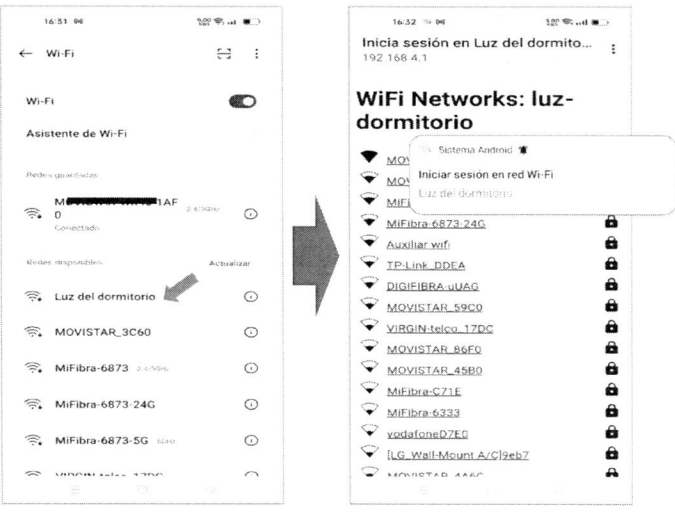

Solo tendrá que seleccionar aquella a la que quiera conectar el dispositivo e introducir la contraseña correspondiente.

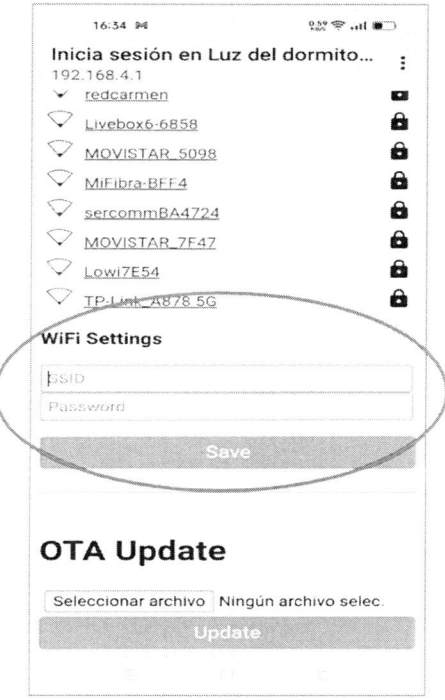

 Si no apareciera la interfaz web del punto de acceso, pruebe a pulsar la notificación que le llegó al teléfono móvil en el momento de conectarse al punto de acceso. Si eso tampoco le funcionara, escriba la dirección http://192.168.4.1/ en su navegador web.

Al pulsar el botón "Save" se guardará la nueva configuración wifi y el dispositivo se conectará a la red wifi seleccionada.

En la imagen anterior puede comprobar que en la parte inferior de la pantalla hay una sección ("OTA Update"), desde la que también sería posible actualizar el firmware del dispositivo.

Unidad 5
EL LENGUAJE YAML

Antes de seguir describiendo las funcionalidades de ESPHome, conviene hacer un paréntesis para conocer la sintaxis básica de YAML, ya que es el lenguaje con el que se escriben los archivos de configuración. Hasta ahora, lo ha empleado para especificar el nombre y las credenciales de una red wifi, ejecutar un servidor web en el propio dispositivo o indicarle el GPIO en el que hay conectado un relé. Sin embargo, con YAML se pueden hacer muchas más cosas, entre las que destaca el desarrollo de las automatizaciones que realmente determinan el comportamiento del sistema.

El acrónimo YAML significaba originalmente *Yet Another Markup Language* (otro lenguaje de marcado más). Sin embargo, fue cambiado por *Ain't Markup Language* (YAML no es un lenguaje de marcado) para enfatizar que, a diferencia de otros lenguajes de marcas, como HTML, no está orientado a la estructura del documento (la página web), sino a los propios datos (el equivalente al contenido de la página). Esta característica, unida a una sintaxis fácil de leer, ha favorecido su rápida expansión, especialmente en el ámbito de los archivos de configuración (como los que permiten personalizar el firmware de ESPHome).

La estructura de datos básica de YAML es el par:

```
clave:valor
```

Si observa detenidamente el contenido de los archivos de configuración manejados hasta ahora, verá que su contenido no es más que un conjunto de pares *clave:valor*, excepto los comentarios. Estos últimos no se usan para generar el firmware (no son de utilidad para ESPHome). Se trata de textos explicativos o aclaraciones que facilitan la comprensión del contenido del archivo. Se escriben en líneas precedidas por el carácter '#'.

```
# esto es un comentario YAML
```

Los valores de una clave pertenecen a un tipo de datos. Los más básicos son los números, las cadenas de caracteres y los valores booleanos (cierto o falso).

Los números pueden ser positivos o negativos, enteros o decimales (a estos últimos en informática se les conoce como *float* o de coma flotante). Las cadenas son textos que se escriben entre comillas (simples o dobles). Incluso, podrían escribirse sin comillas si no ocupan más de una línea. Por último, los valores booleanos son true y false, aunque también podría utilizarse de forma alternativa on y off, o yes y no.

A modo de ejemplo, las variables de configuración platform, name y pin del dominio switch son claves cuyos valores son dos cadenas de caracteres y un número, respectivamente:

```
switch:
  - platform: gpio
    name: "interruptor"
    pin: 13
```

Efectivamente, aunque gpio no vaya entre comillas, se trata de una cadena de caracteres. Por ese mismo motivo, "interruptor" se podía haber escrito sin comillas (incluso aunque fuera un texto formado por varias palabras). Por lo tanto, este componente se podría haber escrito así:

```
switch:
  - platform: "gpio"
    name: interruptor
    pin: 13
```

Aunque no es una situación común, si el texto fuera muy largo y ocupara más de una línea, deberá utilizar el carácter '|' de la siguiente forma:

```
switch:
  - platform: gpio
    name: |
      este interruptor de la luz requiere
      más de una línea para describirlo
    pin: 13
```

Observe que el bloque de texto está desplazado dos espacios a la derecha. Si no se hiciera así, no podría distinguirse de los pares *clave:valor* que hubiera a continuación.

> **ℹ** Si el texto anterior se mostrara en una pantalla, lo haría en varias líneas. Si quisiera que se viera en una sola línea, en lugar de '|' use el carácter '>'.

Además de tipos de datos primitivos, los valores de una clave también pueden ser tipos de datos compuestos (estructuras de datos), como objetos o listas. Empecemos por el primero de ellos.

Un objeto es una estructura de datos que representa algo físico (por ejemplo, un sensor) o conceptual (por ejemplo, una conexión wifi). Los objetos se especifican mediante un conjunto de propiedades, que son los rasgos distintivos o cualidades con los que se pueden describir (por ejemplo, el GPIO en el que está conectado un sensor o el SSID y la contraseña de una red wifi). En YAML, un objeto se especifica como un par *clave:valor*, en el que la clave es el nombre del objeto y el valor son las propiedades que lo caracterizan. Estas últimas son, a su vez, pares *clave:valor*, en el que las claves son los nombres de las propiedades.

```
objeto:
  propiedad: valor
  ...
  propiedad: valor
```

Por ejemplo, el componente que representa una red wifi es un objeto con dos propiedades:

```
wifi:
  ssid: identificador
  password: contraseña
```

Advierta que las propiedades de un objeto se sangran dos espacios a la derecha respecto del nombre (no use tabuladores). Se hace así para que YAML interprete el código anterior como un objeto (`wifi`) formado por dos propiedades (`ssid` y `password`).

Como el valor de una propiedad no solo puede ser de un tipo primitivo, sino también otro objeto, estos podrán anidarse en distintos niveles (unos debajo de los otros) creando jerarquías tan complejas como sea necesario.

Además de los objetos, las listas son las estructuras de datos más comunes en YAML. Una lista está formada por un conjunto de elementos, cada uno de los cuales se especifica como un par *clave:valor* precedido por un guion ('-').

lista:

   - *clave*: *valor* ← primer elemento de la lista

   - *clave*: *valor* ← segundo elemento de la lista

   …

El valor de un elemento puede ser de cualquier tipo, incluso otra lista o un objeto, en cuyo caso solo su nombre o su primera propiedad (si fueran anónimos) llevaría el guion.

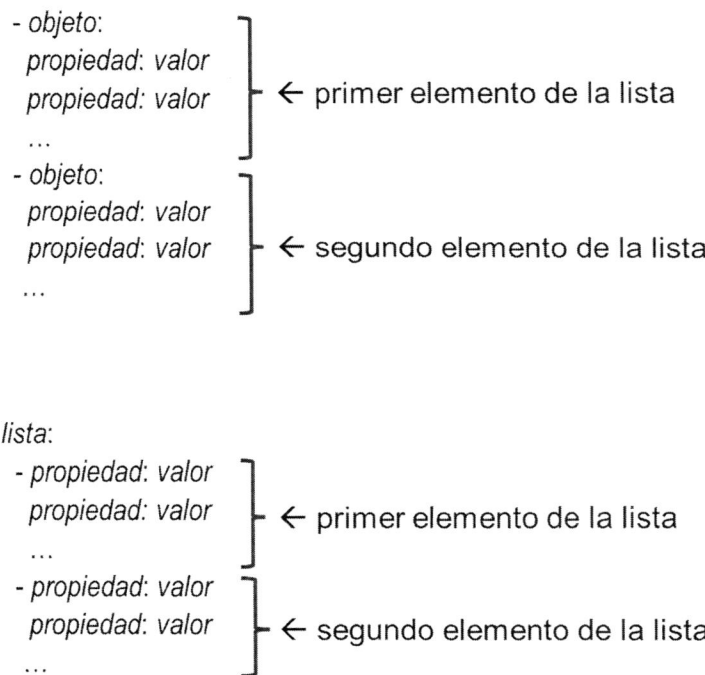

Por ejemplo, el dominio `switch` visto anteriormente es en realidad una lista de todos los componentes conectados a un mismo dispositivo que actúan como un interruptor (solo se pueden encender o apagar). Su primer sistema domótico estaba formado solo por uno (el relé). Por ese motivo, el dominio `switch` se especificó como una lista con un único elemento, un objeto descrito con las propiedades `platform`, `name` y `pin` (la primera de las cuales se precede de un guion).

```
switch:
  - platform: gpio
    name: "interruptor"
    pin: 13
```

Si su sistema domótico estuviera formado por un segundo relé conectado al GPIO12, el dominio `switch` se habría tenido que especificar de este otro modo:

```
switch:
  - platform: gpio
    name: "interruptor"
    pin: 13
  - platform: gpio
    name: " otro interruptor"
    pin: 12
```

Para demostrar que estas estructuras de datos se pueden combinar de cualquier forma, observe cómo se define en esta ocasión el componente `wifi`:

```
wifi:
  networks:
    - ssid: identificador1
      password: contraseña1
    - ssid: identificador2
      ssid: contraseña2
```

A diferencia del empleado hasta ahora, en el que solo se especificaban las credenciales de una única red wifi, en este se ha utilizado una nueva propiedad (`networks`), cuyo valor es una lista de objetos (en este caso dos), cada uno de los cuales contiene las credenciales de una red wifi diferente. De esta forma, el dispositivo tendrá la posibilidad de conectarse a cualquiera de ellas.

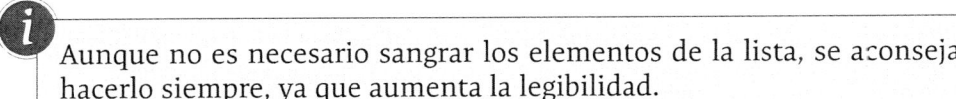

Aunque no es necesario sangrar los elementos de la lista, se aconseja hacerlo siempre, ya que aumenta la legibilidad.

Las especificaciones de las diversas versiones de YAML se encuentra en https://yaml.org/spec/.

Antes de finalizar este capítulo, me gustaría insistir en el hecho de que en YAML el sangrado es crítico. Escribir el nombre de un componente con un espacio de más o de menos delante sin darse cuenta, o situar las variables de configuración con una sangría equivocada, provocaría todo tipo de problemas que impedirían la generación del firmware. Por ese motivo, si algo no funciona, lea detenidamente los mensajes de error (suelen ser muy descriptivos) y, sobre todo, repase los espacios con los que se sangran todas las líneas.

Unidad 6
SENSORES

Un sensor es un dispositivo que detecta cambios físicos en el entorno (luz, sonido, temperatura, etc.) y genera una señal de salida que informa de su magnitud. Los sensores se clasifican en dos grandes grupos:

- **Analógicos**. La señal de salida es analógica, es decir, está formada por cualquier valor en el rango de voltajes admitido por el conversor analógico-digital utilizado (en los dispositivos ESP8266 es de 3.3 V).

- **Digitales**. La señal de salida es digital.

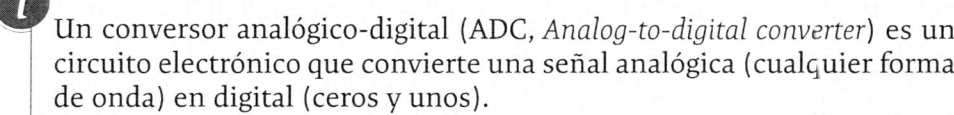

Un conversor analógico-digital (ADC, *Analog-to-digital converter*) es un circuito electrónico que convierte una señal analógica (cualquier forma de onda) en digital (ceros y unos).

Ambos tipos de sensores tienen sus defensores y sus detractores, ya que los analógicos son mucho más precisos que los digitales (en el mundo real todo es analógico y su conversión digital trae implícita una pérdida de calidad), pero están más expuestos al ruido (interferencias) y son menos configurables. Por lo tanto, los requisitos del sistema serán los que determinen la elección de uno u otro tipo.

ESPHome admite muchos sensores tanto analógicos como digitales. Todos ellos forman parte del dominio sensor, una de cuyas variables principales es platform, ya que es la que determina su tipo y, en consecuencia, su configuración base.

En los sensores analógicos que usan el convertidor analógico digital del ESP8266, la variable platform toma el valor adc. A nivel físico solo pueden conectarse a los pines analógicos del microcontrolador (el A0 en los basados en el SoC ESP8266). Si el sensor contara con su propio convertidor analógico-digital, como, por ejemplo, el MCP3008 o el MCP3208, el valor de la variable `platform` sería `mcp3308` o `mcp3008`, respectivamente. A nivel físico, estos últimos habría que conectarlos a los pines SPI del ESP8266 (como mínimo, el MISO, el MOSI y el SCK), lo que supondría tener que configurarlos en ESPHome mediante el componte YAML correspondiente.

El protocolo SPI *(Serial Peripheral Interface)* fue desarrollado por Motorola en la década de los 70 para comunicar circuitos integrados por medio de un bus con el menor número posible de cables.

En el caso de los sensores digitales, la variable `platform` toma un valor específico para cada uno de ellos porque su funcionamiento es completamente diferente de unos a otros. Eso hace que la lista de valores de esta variable vaya creciendo según se incorporan nuevos sensores a ESPHome.

Además de la variable `platform`, todos los sensores se caracterizan por una serie de variables de configuración comunes, entre las que destacan:

- `name`. Nombre del sensor. Es el que se muestra en la página HTML del componente.
- `id`. Identificador del sensor. Es el empleado en las automatizaciones donde intervenga (se estudiarán más adelante).
- `unit_of_measurement`. Unidad de la magnitud física medida (por ejemplo, grados centígrados, centímetros, voltios, etc.)

Todas las variables de configuración del dominio sensor las encontrará en https://esphome.io/components/sensor.

Aparte de las variables de configuración compartidas (la lista anterior es un ejemplo), cada tipo de sensor puede tener las suyas propias, especialmente en los digitales, ya que su naturaleza y manejo difieren de unos a otros.

En el caso de los sensores analógicos que usan el conversor analógico del ESP8266 no existe esa variedad, ya que todos generan una señal analógica. Se trata de una forma de onda continua en un rango infinito de valores entre 0 V y 3.3 V. Puesto que esta información no tiene ninguna estructura ni se transmite de acuerdo a ningún protocolo (como sucede en las señales digitales), lo único que se hace es leer su valor en cada instante de tiempo.

La frecuencia con la que se realizan dichas lecturas se establece con la siguiente variable de uso común, no solo en los sensores analógicos, sino también en muchos de los digitales:

- `update_interval`. Periodo de tiempo en el que se obtiene el valor del sensor (por defecto es de 60 segundos).

El valor de esta variable es un número seguido de una unidad de tiempo: microsegundos (`us`), milisegundos (`ms`), segundos (`s`), minutos (`min`) u horas (`h`). Así, por ejemplo, todos estos valores representan un periodo de tiempo de una hora:

```
1h
60min
3600s
360000ms
360000000us
```

> Si quiere conocer todas las variables de configuración de los sensores pertenecientes a la plataforma adc, visite la página
> https://esphome.io/components/sensor/adc.html.

Además de las variables de configuración anteriores, el dominio `sensor` ofrece otras que añaden multitud de funciones de gran utilidad, como la que realiza un preprocesamiento de los valores obtenidos por los sensores antes de mostrarlos u ofrecerlos a quien los requiera (por ejemplo, el valor máximo, el mínimo, la media). Se trata de filtros que pueden usarse solos o en combinación con otros.

Para aplicar una secuencia de filtros a los valores obtenidos por un sensor, solo es necesarios añadirlos como elementos de la lista `filters`:

```
filters:
  -filtro
  -filtro
  ...
```

Hay una gran variedad de filtros, entre los que se encuentran:

- `offset`. Añade un valor constante al obtenido por el sensor.
- `multiply`. Multiplica cada valor por una constante.
- `clamp`. Limita los valores dentro de un rango. Aquellos que lo superan toman el valor del límite.

• **round**. Redondea el valor a los decimales indicados.

 Todos los filtros del componente sensor los puede consultar en
https://esphome.io/components/sensor/index.html#sensor-filters.

Por ejemplo, imagine que un sensor analógico tiene los siguientes filtros:

filters:

```
- offset: 0.1
- multiply: 2
- round: 1
```

Si en su última lectura hubiera obtenido el valor 0.12, el devuelto realmente por el sensor sería 0.4:

```
(0.12 + 0.1) × 2 = 0.44 ≈ 0.4
```

Una vez conocida la teoría, veamos algunos ejemplos sencillos de cómo se manejan ambos tipos de sensores en ESPHome.

6.1 PRÁCTICAS CON SENSORES ANALÓGICOS

El objetivo de su primer sistema domótico fue encender o apagar una luz de forma remota. En aquella ocasión, ESPHome generaba una salida digital que activaba o desactivaba un relé. En esta hará todo lo contrario, es decir, obtendrá (no generará) un valor analógico (no digital).

Para ello, necesitará poner en valor los conocimientos adquiridos sobre el dominio sensor, en concreto, los referentes a los sensores analógicos que utilizan el conversor analógico-digital del ESP8266. A tal efecto, realizará tres ejercicios que le permitirán conocer el nivel de luz ambiente en un lugar determinado, el nivel de humedad del suelo (el de un jardín o una sencilla maceta) y el nivel de carga de la batería que alimenta el propio dispositivo domótico.

De momento, solo podrá consultar estos niveles en la página web del dispositivo. Una vez que aprenda a desarrollar las automatizaciones, este valor servirá, por ejemplo, para encender una luz cuando anochezca, abrir o cerrar la electroválvula del sistema de riego cuando sus plantas requieran agua o encender un led que avise de un nivel bajo de batería.

6.1.1 Obtención del nivel de luz ambiente

En esta práctica construirá un sistema capaz de conocer el nivel de luz de una estancia mediante una resistencia LDR *(Light Dependent Resistor)*, que se caracteriza por disminuir su valor cuando aumenta la intensidad de la luz que incide sobre ella.

Dicha resistencia formará parte de un divisor de tensión con otra de 1 KΩ, cuyo punto medio está conectado al pin A0, tal como se puede ver a continuación:

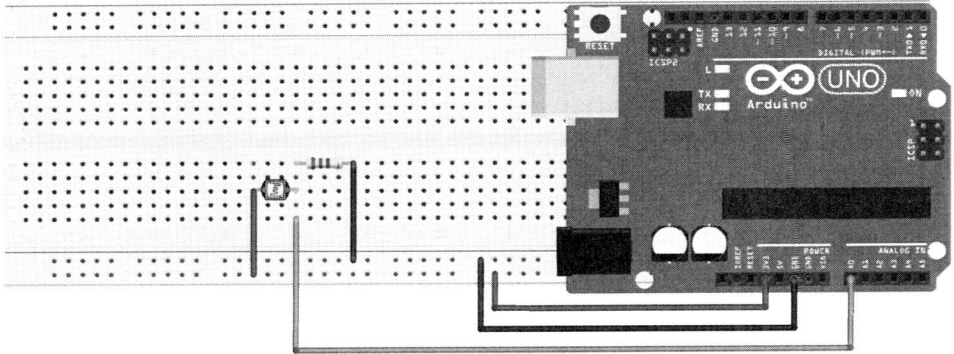

Esta otra imagen muestra el circuito del divisor de tensión. El voltaje de VCC será de 3.3 V (no de 5 V).

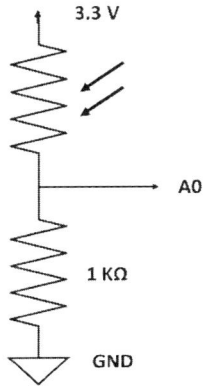

Para entender cómo funciona un divisor de tensión imagine que la fotorresistencia recibe cada vez más luz. Su resistencia iría disminuyendo y, como resultado, la tensión del pin A0 aumentaría hasta alcanzar los 3.3 V (la resistencia sería tan pequeña que se consideraría que A0 está conectado directamente a VCC). Si, por el contrario, colocara la fotorresistencia en una oscuridad cada vez mayor, el razonamiento sería el inverso. Es decir, su resistencia sería cada vez mayor y el voltaje en el pin A0 iría disminuyendo hasta alcanzar la tensión mínima (GND), ya que dicha resistencia sería tan grande que se consideraría un circuito abierto y, a efectos prácticos, el pin A0 estaría conectado únicamente a GND.

Una vez montado el circuito, lo siguiente que deberá hacer es crear el nodo "nivel-luz", bien mediante la interfaz de línea de comandos o con el panel web. En ese último caso, no pulse los botones que implican la generación y carga del firmware en el dispositivo. Le ahorrarán mucho tiempo.

Si utiliza el panel web (opción recomendada), no tendrá que volver a introducir el SSID y la contraseña de su red wifi, ya que el fichero "secrets.yaml" almacena esta información.

A continuación, abra el archivo de configuración "nivel-luz.yaml" situado en la carpeta "c:/esphome" (o pulse el botón "EDIT" del nodo en el panel web) y añada los siguientes componentes:

```
web_server:
sensor:
  - platform: adc
    pin: A0
    name: "nivel de luz"
    update_interval: 1s
```

El componente `web_server` permite acceder al dispositivo mediante un navegador.

Las variables de configuración del siguiente componente indican que se trata de un sensor analógico (el valor de `platform` es `adc`), que está conectado al pin A0 (el valor de `pin` es `A0`), que las mediciones se realizarán cada segundo (el valor de `update_interva` es `1s`), y que aparecerán en la página web del dispositivo con la etiqueta "Nivel de luz" (el valor de `name` es "Nivel de luz").

Una vez guardados los cambios, si utiliza la interfaz de línea de comandos ejecute el que genera y carga el firmware en el dispositivo.

Si hubiera optado por el panel web, pulse el botón "INSTALL". Finalizado el proceso, acceda al dispositivo escribiendo la dirección "http://nivel-luz. local/" en la barra de direcciones del navegador o pulsando el botón "VISIT" de su nodo en el panel web.

El nivel de luz se mostrará en el campo "State" como un valor entre 0.00 (la resistencia LDR está completamente tapada) y 1.00 (una luz intensa incide directamente sobre ella). En la parte inferior (o a la derecha si el navegador es suficientemente ancho) comprobará que dicho nivel se actualiza cada segundo.

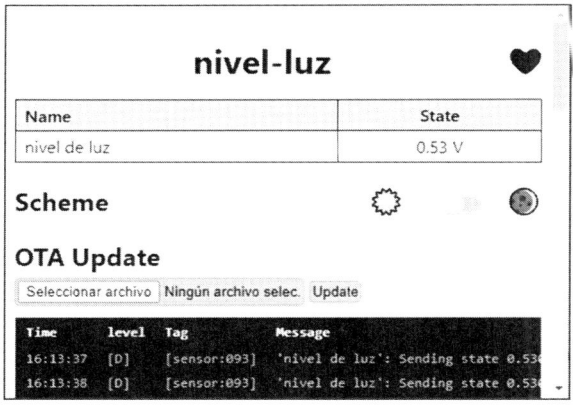

El voltaje mostrado en esta página es el que llega al pin del chip, no el del pin A0.

Oriente la fotorresistencia hacia un foco o la luz del sol y luego tápela con la mano. Comprobará cómo cambian los niveles de luz recibidos por esta.

Este valor es en realidad la tensión medida en el pin A0. De ahí que el número acabe en el carácter 'V' (voltios). Algunas placas, como la WEMOS D1 mini, incluyen internamente un circuito divisor de voltaje externo que ya reduce la señal de entrada de 3.3 V a 1.0 V. En ese caso, deberá añadir al componente `sensor` el siguiente filtro multiplicador que devuelva los valores correctos:

```
sensor:
  - platform: adc
    ...
    filters:
      - multiply: 3.3
```

6.1.2 Obtención del nivel de humedad del suelo

En esta segunda práctica desarrollará un dispositivo que le permitirá conocer el nivel de humedad del suelo de un jardín o la tierra de una maceta. Para ello, empleará un sensor muy básico que mide la conductividad de un material, es decir, la capacidad que tiene para dejar pasar la corriente a través de él. Se compone de dos o más tiras de un material conductor pegadas a una placa aislante, por la que circula una corriente eléctrica proporcional al contenido de humedad (conductividad) del suelo en el que se entierren.

En la siguiente imagen puede ver el aspecto de dos de ellos:

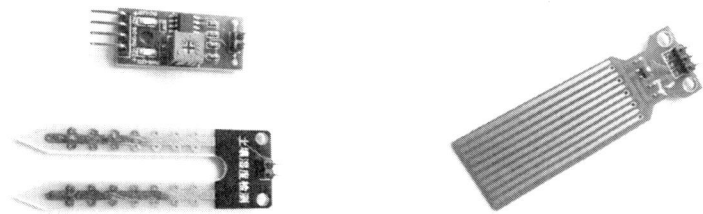

La diferencia entre ambos es que el de la izquierda separa la electrónica del propio sensor para protegerlo de las condiciones ambientales en las que se usa (aparte de que también dispone de una salida digital adicional). Además, el rango de voltajes ofrecidos por ambos sensores es diferente, lo que obligará a utilizar diversos filtros que los normalicen en el rango 0-100 %.

El circuito no puede ser más sencillo, ya que solo consta del sensor conectado al pin A0.

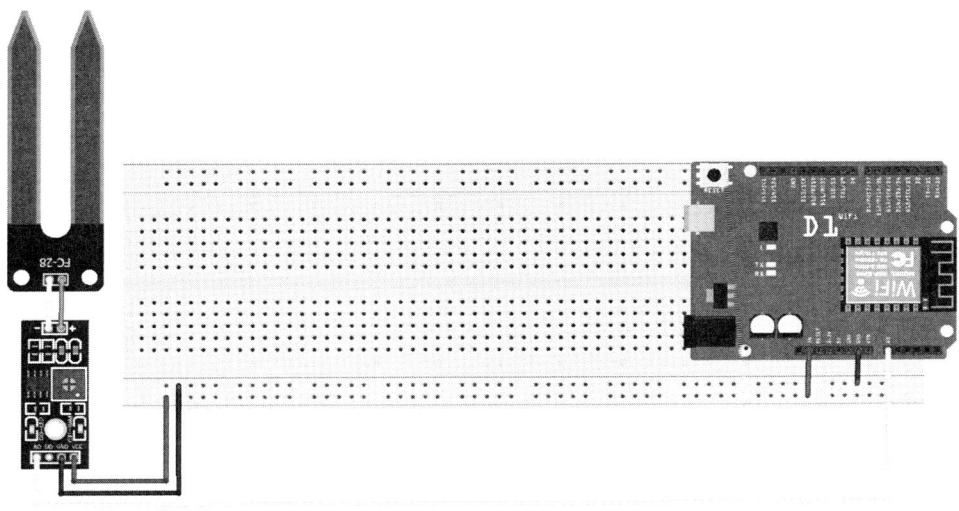

fritzing

Una vez montado el circuito, acceda al panel web de ESPHome y cree el nodo "humedad-tierra". Luego, abra el archivo de configuración y añada los siguientes componentes:

```
web_server:

sensor:
  - platform: adc
    pin: A0
    name: "Nivel de humedad"
    update_interval: 1s
```

El componente `web_server` muestra los resultados en una página web.

Las variables de configuración de este sensor indican que es analógico (el valor de `platform` es `adc`), que está conectado al pin A0 (el valor de `pin` es `A0`), que las mediciones se realizarán cada segundo (el valor de `update_interva` es `1s`) y que aparecerán en la página web del dispositivo con la etiqueta "Nivel de humedad" (el valor de `name` es `"Nivel de humedad"`).

Guarde los cambios, genere el firmware y cárguelo en la placa. En la imagen mostrada a continuación se pueden ver los resultados obtenidos cuando la tierra está anegada y completamente seca. Se han obtenido introduciendo el sensor en un vaso de agua lleno y vacío, respectivamente.

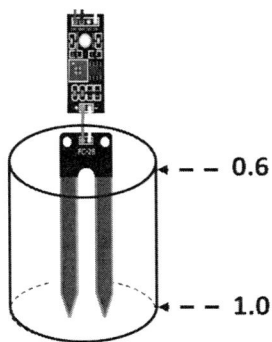

Como puede observar, el valor aparece en voltios y el rango varía entre 1 (vacío) y 0.6 (lleno). Puesto que seguramente quiera que dicho valor sea un porcentaje entre el 0 % y el 100 %, tendrá que hacer uso de los siguientes filtros:

```
filters:
  - offset: -1
  - multiply: -300
```

El primero (offset) resta el valor 1 al obtenido por el sensor con el fin de que muestre un 0 % (en vez de 1 V) cuando el recipiente esté vacío. El segundo (multiply) multiplica el valor resultante por -300 para adecuar el rango 1-0.6 a 0-100. El signo negativo del multiplicador hace que el número obtenido aumente (no disminuya) con el grado de humedad.

 Los niveles de tensión pueden variar de unos sensores a otros, por lo que tendrá que ajustar el de la variable multiply al suyo.

Adicionalmente, se ha añadido la variable unit_of_measurement para que el valor se muestre en porcentaje ('%'), no en voltios.

```
unit_of_measurement: "%"
```

Una vez hechos todos estos cambios, el componente quedaría así:

```
sensor:
  - platform: adc
    pin: A0
    name: "Nivel de ocupación"
    update_interval: 1s
    unit_of_measurement: "%"
    filters:
      - offset: -1
      - multiply: -300
```

Guarde el archivo de configuración, vuelva a generar el firmware y cárguelo en la placa. La siguiente imagen de ejemplo muestra el resultado obtenido nada más acabar de regar.

Si usara el segundo sensor, el rango de voltajes estaría comprendido entre 0-0.5. Por lo tanto, solo tendría que asignar el valor 200 al filtro `multiply` (no hay `offset`). El signo negativo no sería necesario porque los valores medidos crecen con el nivel de humedad, al contrario de lo que sucedía en el primer sensor.

6.1.3 Obtención del nivel de voltaje de la batería

Si el dispositivo ESPHome se alimenta con pilas o baterías seguro que encontrará interesante este nuevo ejercicio, ya que le permitirá conocer su nivel de voltaje (en realidad, el del microcontrolador, no el del pin VCC).

Más adelante, cuando aprenda a crear automatizaciones, esta información le podría servir para mostrar visualmente dicho estado, por ejemplo, mediante un led verde, amarillo o rojo según su valor.

El circuito eléctrico solo está formado por la placa WEMOS. Asegúrese de que no haya nada conectado al pin A0.

Como siempre, lo primero que tendrá que hacer es crear un nuevo nodo ("nivel-tension"), bien mediante la interfaz de línea de comandos o con el panel web (le recomiendo este último). Luego, añada al archivo de configuración los siguientes componentes:

```
web_server:
sensor:
  - platform: adc
    pin: VCC
    name: "Tensión de batería"
```

El primero (`web_server`) le permitirá consultar el nivel de tensión en la página web del dispositivo.

El segundo es un sensor de tipo `adc` cuya principal particularidad radica en que el valor de la variable `pin` es `VCC`.

Una vez realizados estos cambios, pulse el botón "SAVE" para guardarlos e "INSTALL" para generar y cargar el firmware en el dispositivo. Al acceder a su página web verá un resultado similar al mostrado a continuación, en el que aparece una tensión de 2.93 V (baja, ya que lo ideal serían 3.3 V), pero suficiente para alimentar la placa.

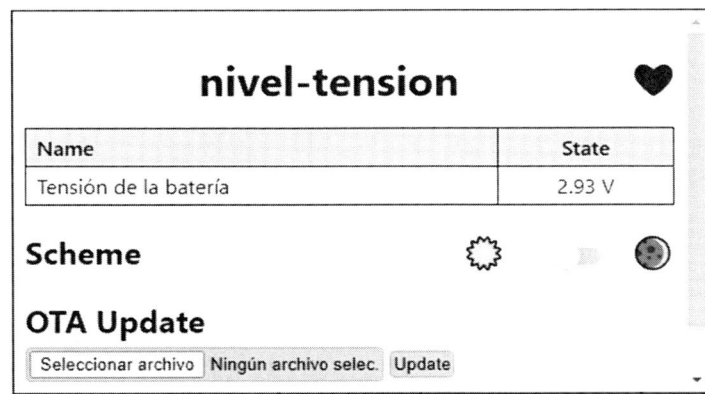

Si los ejercicios realizados en esta sección le han permitido trabajar con sensores analógicos, en la siguiente lo hará con los digitales.

6.2 PRÁCTICAS CON SENSORES DIGITALES

A diferencia de los sensores analógicos, cada sensor digital funciona de una forma diferente, por lo que solo podrá hacer uso de aquellos que admitan ESPHome (son muchos y cada vez se incorporan más). Ese es el motivo de que cada tipo de componente del dominio `sensor` (determinado por el valor `platform`) tenga su propio grupo de variables de configuración.

En la primera práctica utilizará uno de los más conocidos, el DHT11, con el que podrá saber la temperatura y humedad ambiente donde se ubique. En la segunda empleará un sensor de ultrasonidos HC-SR04 para medir la distancia a un objeto. En ambos casos, los valores obtenidos podrán consultarse desde la interfaz web del dispositivo. Más adelante aprenderá a usarlos en automatizaciones que permitan, por ejemplo, el control de la calefacción o el llenado de un tanque de agua.

6.2.1 Obtención de la temperatura y la humedad ambiente

Tal como se acaba de comentar, el sensor protagonista de esta primera práctica es el conocido DHT11, que mide tanto la temperatura como la humedad ambiente. El mostrado a continuación dispone de cuatro pines.

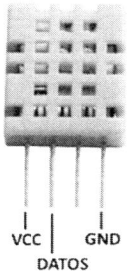

En el siguiente circuito, el pin de datos se conecta al GPIO13, además de a una resistencia de *pull-up* de 4.7 KΩ, tal como se recomienda en su documentación.

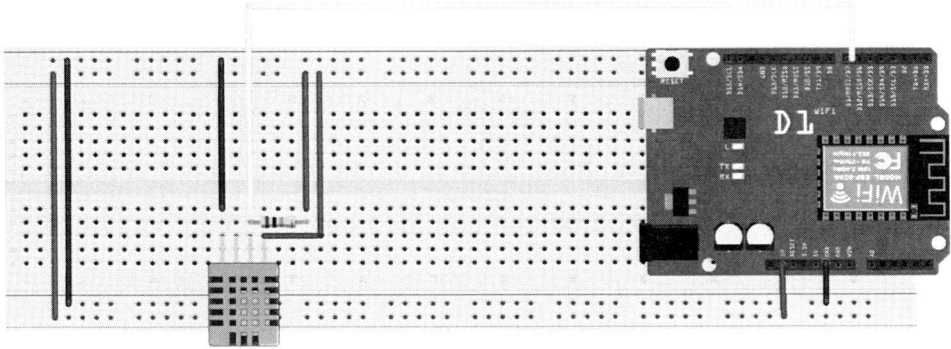

Si el suyo solo tuviera tres pines el circuito sería el mismo, pero sin la resistencia de *pull-up* (suele venir incorporada en la placa del propio sensor).

Una vez montado el circuito, acceda al panel web de ESPHome y cree un dispositivo llamado "dht11".

Recuerde no pulsar los botones "CONECT" e "INSTALL" en la secuencia de pantallas del asistente para que no se genere y se cargue un firmware básico en el dispositivo.

Una vez creado el archivo de configuración, añada el componente que representa el sensor DHT11. Lo encontrará en la página principal de ESPHome (https://esphome.io/). Solo tiene que escribir su nombre en el campo de búsqueda situado en la parte superior izquierda y pulsar sobre él en el panel de resultados.

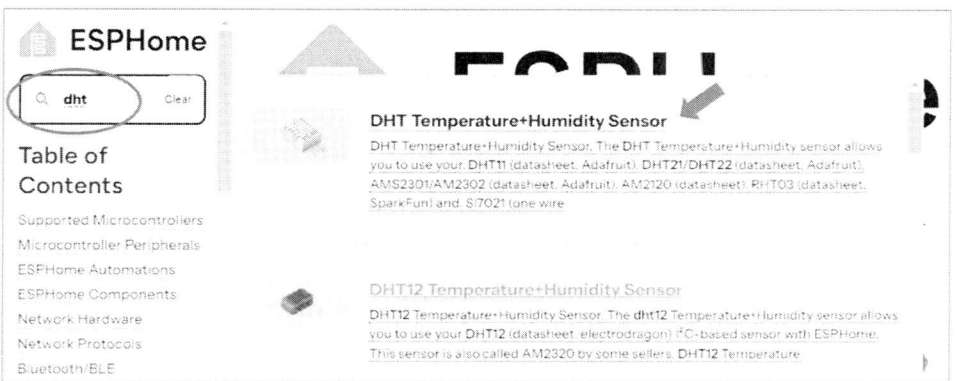

Se hallará en una página que describe los distintos tipos de sensores de humedad y temperatura de esta familia soportados por ESPHome, así como sus hojas de características (https://esphome.io/components/sensor/dht.html).

Components → Sensor Component → DHT Temperature+Humidity Sensor

DHT Temperature+Humidity Sensor

The DHT Temperature+Humidity sensor allows you to use your

- DHT11 (datasheet, Adafruit).
- DHT21/DHT22 (datasheet, Adafruit).
- AMS2301/AM2302 (datasheet, Adafruit).
- AM2120 (datasheet).
- RHT03 (datasheet, SparkFun) and
- SI7021 (one wire Sonoff version) (datasheet, SparkFun)

sensors with ESPHome.

La información más importante de cara a la realización de esta práctica se encuentra algo más abajo, donde aparece un ejemplo de uso del componente y la descripción de todas sus variables de configuración.

Al tratarse de un sensor, pertenece al dominio `sensor` y, por lo tanto, dispone de la variable de configuración `platform`, cuyo valor en este caso es dht. Como ya se habrá imaginado, la variable `pin` vuelve a ser imprescindible, ya que determina el GPIO al que está conectado.

En cuanto a las variables específicas de este tipo de sensor, las principales son:

- `temperature`. Representa la parte del sensor que mide la temperatura.
- `humidity`. Representa la parte del sensor que mide la humedad.

El valor de ambas variables son otros componentes (este sensor realmente agrupa a dos bajo el mismo encapsulado) que tienen, a su vez, sus propias variables de configuración:

- `name`. Identifica cada una de estas partes del `sensor`.
- Cualquiera de las variables de configuración del dominio sensor (https://esphome.io/components/sensor).

Volviendo de nuevo al componente principal (`dht`), además de las variables `temperatura` y `humidity`, también cuenta con estas dos variables opcionales:

- `update_interval`. Periodo de tiempo en el que se realizan las lecturas. Su valor por defecto es de 60 segundos (`60s`).
- `model`. Especifica el modelo del sensor. Sus valores pueden ser `AUTO_DETECT` (por defecto), `DHT11`, `DHT22`, `DHT22_TYPE2`, `AM2302`, `RHT03`, `SI7021`, `AM2120`. Úselo cuando la opción por defecto tenga problemas de conexión con el sensor o este use el chip SI7021.

Una vez conocida la estructura de datos de un sensor DHT, abra el archivo de configuración "dth11.yaml" y añada las siguientes líneas de código:

```
web_server:
sensor:
 - platform: dht
   pin: 13
   temperature:
    name: "Temperatura del salón"
   humidity:
    name: "Humedad del salón"
   update_interval: 5s
```

El primer componente (`web_server`) permite mostrar la humedad y la temperatura en la interfaz web del dispositivo.

El segundo componente representa al sensor DHT11. El valor de la variable `pin` indica que está conectado al GPIO13. El de la variable `name` hace referencia al lugar en el que está situado el sensor (el salón). Será el que aparezca en la página web del dispositivo. Por su parte, la variable `update_interval` establece un intervalo de actualización de cinco segundos. Cuando termine las pruebas, elimínela o asígnela un valor entre uno y cinco minutos, ya que es un tiempo asumible en este ámbito de aplicación.

> ℹ️ Tiempos de lectura muy pequeños (por ejemplo, de un segundo) pueden dar lugar a errores frecuentes de medición.

> ℹ️ Aunque el valor de la variable `pin` podría ser 13 o GPIO13, no use el alias D7. El motivo es porque el archivo de configuración creado con el panel web asigna un tipo de placa genérica (`esp01_1m`) al componente `esp`. Si quisiera usar dicho alias, sustituya este valor por `d1`, que es el correspondiente a un WEMOS D1.

Una vez hechos los cambios, pulse el botón "SAVE" para guardarlos y el botón "INSTALL" para generar y cargar el firmware en la placa. Finalizado el proceso, acceda al dispositivo. Verá la siguiente pantalla, en la que se muestra el valor de la temperatura y la humedad de la estancia donde está situado.

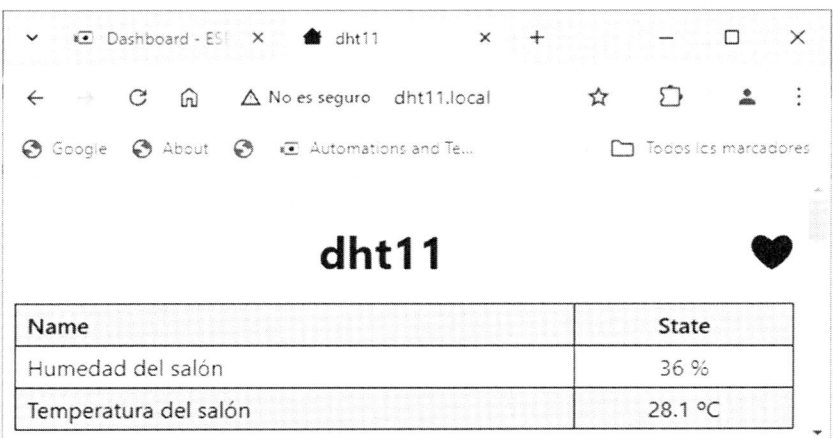

Si en vez de un valor numérico viera el acrónimo "NaN" *(Not a Number)* es porque los valores de humedad y temperatura no se están leyendo correctamente. En ese caso, añada la variable `model` debajo de `update_interval` y asígnele el valor `DHT11` para indicar de forma explícita el modelo de sensor utilizado:

```
model: DHT11
```

Si el valor "NaN" apareciera esporádicamente, aumente el intervalo de tiempo entre las medidas. Si el error persistiera, repase las conexiones del circuito y/o sustituya el sensor.

6.2.2 Obtención de la distancia a un objeto

En esta nueva práctica será capaz de conocer la distancia de un objeto a un sensor de ultrasonidos como el mostrado en esta imagen, correspondiente al modelo HC-SR04.

Su funcionamiento se basa en el envío de pulsos de alta frecuencia que, al rebotar en un objeto cercano, regresan de vuelta el sensor, donde son captados por un micrófono capaz de escuchar esa frecuencia (no audible). Lo que parecen dos ojos son en realidad el emisor de pulsos ultrasónicos (etiquetado con la letra T) y el micrófono que los recibiría tras reflejarse en un obstáculo (marcado con la letra R).

Aunque no lo escuchemos, se trata de un sonido que se transmite por el aire y, en consecuencia, viaja a la velocidad de 343 metros/segundo. Por lo tanto, solo será necesario medir el tiempo que tarda un pulso en llegar a un objeto y volver reflejado para calcular la distancia a la que se encuentra.

> La velocidad de transmisión del sonido varía con la temperatura. La manejada habitualmente es la correspondiente a 20 °C. Si fuera de 0 °C, se vería reducida a 331 metros/segundo.

Este tipo de sensores no tiene mucha precisión. Además, el ángulo con el que rebota el pulso en la superficie del objeto puede llegar a provocar errores importantes de medición. Tampoco se debe emplear en entornos con muchos objetos, dado que el pulso rebotaría en varios de ellos antes de llegar de regreso al sensor. Por suerte, existen versiones profesionales (más caras) que podrían utilizarse, por ejemplo, para medir el nivel de líquido de un tanque (se colocarían en la parte superior), contar el número de personas que entran en un local o abrir automáticamente la puerta del garaje cuando alguien se acercara a ella con la intención de salir.

El rango de distancias en el que se puede utilizar este sensor varía ente 20 centímetros y 2 metros.

Con el fin de probar su funcionamiento, se utilizará un circuito en el que el pin Trigger (el que emite el pulso) estará conectado al GPIO13 y el Echo (el que lo recibe después de rebotar en un objeto) al GPIO12.

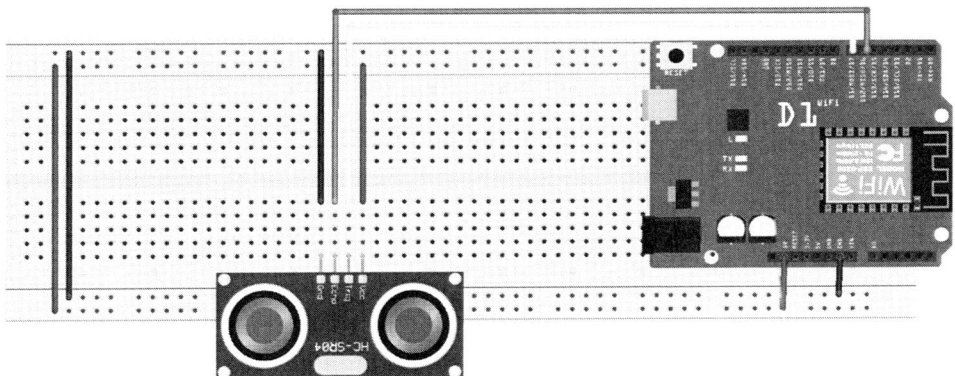

A continuación, acceda al panel web de ESPHome y cree el nodo "hc-sr04". El componente que tendrá que añadir a su archivo de configuración lo encontrará en la página principal de ESPHome (https://esphome.io/). Solo tiene que escribir su nombre en el campo de búsqueda situado en la parte superior izquierda y pulsar sobre él en el panel de resultados.

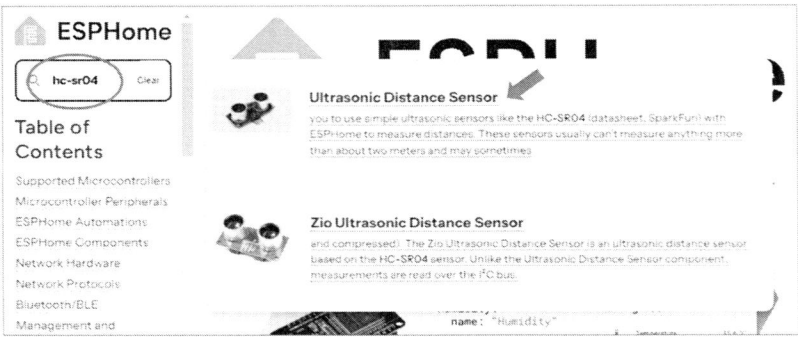

Accederá a una página que describe el sensor y sus hojas de características (https://esphome.io/components/sensor/ultrasonic.html).

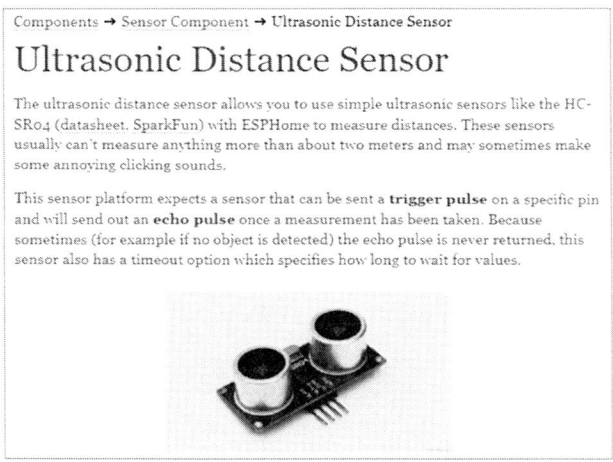

También verá un ejemplo de uso del componente y la descripción de todas sus variables de configuración. Como era de esperar, pertenece al dominio sensor. Para distinguirlo del resto de sensores, el valor de la variable platform toma el valor ultrasonic. Además, dispone de una serie de variables específicas:

- trigger_pin. GPIO al que está conectado el pin del sensor por el que se envían los pulsos (etiquetado como "Trig").

- echo_pin. GPIO por el que se reciben los pulsos que rebotan en los objetos (etiquetado como "Echo").

- name. Nombre del sensor.

Todas ellas son obligatorias, pero hay otras opcionales que le animo a conocer.

Por lo tanto, añada el siguiente código al fichero de configuración del nodo que acaba de crear:

```
web_server:

sensor:
  - platform: ultrasonic
    trigger_pin: 13
    echo_pin: 12
    name: "Distancia"
    update_interval: 1s
```

El primer componente (web_server) permitirá ver las distancias medidas en la página web del dispositivo.

El segundo componente representa el sensor ultrasónico (el valor de la variable plataform es ultrasonic). Observe que el de las variables trigger_pin y echo_pin coincide con los GPIO a los que están conectados los pines Trigger y Echo. Por su parte, la variable name contiene el texto que se mostrará en la página web del dispositivo. Por último, la variable update_interval establece un intervalo entre las medidas de un segundo.

Una vez realizados los cambios, guárdelos, genere el firmware y cárguelo en el dispositivo. Al acceder a él verá una página web como esta, que muestra la distancia a la que he puesto mi mano del sensor (0.14 m, es decir, 14 cm).

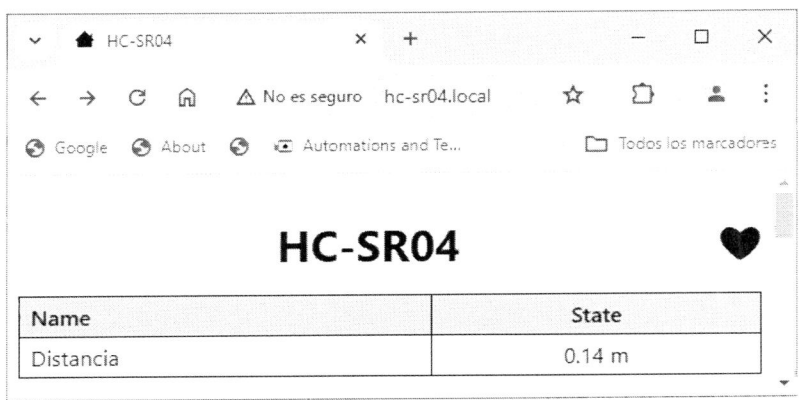

Con la ayuda de una regla, mueva la mano y compruebe que la distancia mostrada coincide con la real en todo momento (recuerde que esta se actualiza cada segundo).

Los conocimientos que ha ido adquiriendo hasta ahora se han enfocado a la integración de sensores y actuadores en ESPHome. En estos momentos, no le costaría ningún esfuerzo crear, por ejemplo, un dispositivo formado por un sensor DHT11 y un relé, desde cuya interfaz web pudiera ver la temperatura de una estancia y, si fuera necesario, encender o apagar manualmente un radiador. Sin embargo, ¿no sería más cómodo que fuera el propio dispositivo quien controlara el radiador con el fin de mantener la estancia a la temperatura deseada? Ese es precisamente el objetivo de las automatizaciones.

Dada su importancia y la variedad de conceptos implicados, su estudio se hará por partes. En primer lugar, se describirá la sintaxis básica de las reglas que determinan la secuencia de acciones que deben ejecutarse cada vez que se produzca un evento. Luego, aprenderá a supeditar la ejecución de esas acciones a determinadas condiciones. Por último, conocerá las lambdas y las variables globales, conceptos que rozan la programación, pero imprescindibles para crear cualquier tipo de automatización, por compleja que esta sea.

Estos nuevos conceptos los pondrá en práctica, uno a uno, con un dispositivo muy sencillo compuesto por un pulsador y un led rojo. El led estará conectado al GPIO13 mediante una resistencia de 220 Ω. El pulsador pondrá a nivel alto el GPIO12 (en reposo se mantiene a nivel bajo con una resistencia de *pull-down* de 10 KΩ).

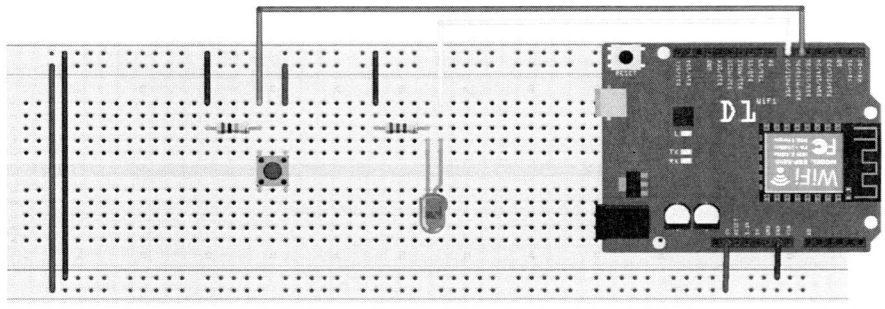

Se asombrará de todo lo que puede hacerse con solo estos dos elementos.

7.1 SINTAXIS BÁSICA DE UNA REGLA

Las automatizaciones son definidas mediante reglas que determinan la ejecución de una secuencia de acciones cuando se produce un evento.

SI se produce este evento

ENTONCES ejecuta esta secuencia de acciones.

Las acciones *(actions)* pueden ser cualquiera de las ofrecidas por un componente o el dominio al que pertenece. Por ejemplo, el dominio switch (https://esphome.io/components/switch/) dispone de las siguientes:

- turn_on. Enciende o activa el componente.

- turn_off. Apaga o desactiva el componente.

- toggle. Enciende (activa) el componente si estaba apagado (desactivado), o viceversa.

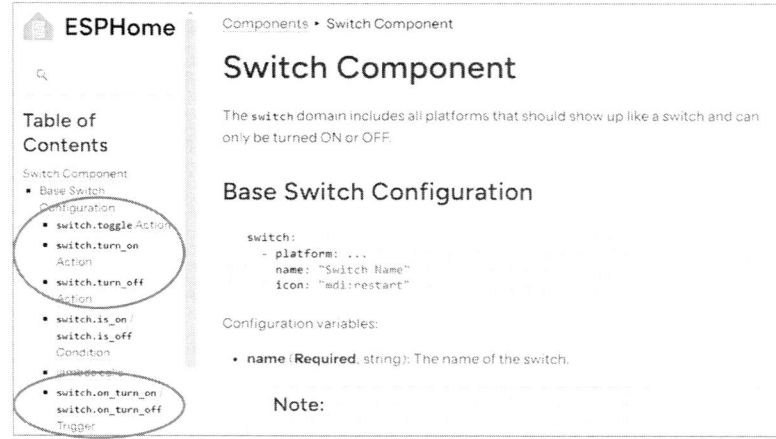

Si quiere conocer todas las acciones que ofrece ESPHome (no solo las de este dominio), visite la página https://esphome.io/guides/automations.html#all-actions.

Los eventos *(triggers)* son sucesos que se generan por motivos muy diversos. Pueden ser provocados por acciones físicas, como la pulsación de un botón o la activación de un sensor PIR; o por situaciones como la recepción de un mensaje MQTT o la conexión a la red wifi, por poner algunos ejemplos.

En el caso del dominio `switch` serían:

- `on_turn_on`. El componente se ha encendido o activado.
- `on_turn_off`. El componente se ha apagado o desactivado.

En https://esphome.io/guides/automations.html#all-triggers encontrará todos los eventos que reconoce ESPHome.

En ESPHome, una automatización (regla) se especifica con la siguiente sintaxis:

```
evento:
  then:
   -acción
   ...
   -acción
```

Incluso, se podría prescindir de la palabra clave then, aunque en ese caso no sería posible el uso de condiciones ni secuencias de acciones alternativas (se estudian en la siguiente sección):

```
evento:
  -acción
  ...
  -acción
```

A los eventos de las reglas se los conoce como disparadores porque son los que provocan la respuesta del sistema ante determinadas situaciones. Dicha respuesta vendrá determinada por una secuencia de acciones de diversa naturaleza, desde mover un servo un determinado ángulo o controlar un relé, pasando por ejecutar un temporizador, hasta publicar un mensaje MQTT o enviar una petición HTTP a un servicio en la nube, por poner, de nuevo, solo algunos ejemplos.

La acción se especifica como un par *clave:valor* con el formato:

```
componente.acción: id_componente
```

La clave es la acción que se quiere ejecutar (cualquiera de las que puede realizar un componente o el dominio al que pertenece). Por ejemplo, la acción con la que se activaría un relé (componente del dominio `switch`) sería:

```
switch.turn_on
```

Por su parte, el valor es el identificador del componente concreto que ejecutaría la acción (valor de la variable `id`).

Con el fin de poner en práctica esta sintaxis, desarrollará una primera automatización que le permita cambiar el estado del led (encenderlo si estaba apagado o viceversa) con solo presionar un pulsador. Recuerde que se utilizará el circuito descrito al comienzo de este capítulo.

A este respecto, acceda al panel web de ESPHome, cree el nodo "control-led" y añada al fichero de configuración los siguientes componentes:

```
web_server:

switch:
  - platform: gpio
    pin: 13
    id: led_rojo

binary_sensor:
  - platform: gpio
    pin: 12
    id: pulsador
    on_click:
      then:
        - switch.toggle: led_rojo
```

El componente `web_server` proporciona la interfaz web del dispositivo.

El led se ha representado como un componente del dominio `switch` porque se puede encender y apagar poniendo a nivel alto o bajo el GPIO al que está conectado (el indicado en la variable `pin`).

En un capítulo posterior conocerá el dominio `light`, más adecuado a la función que realizan los leds (el dominio `switch` suele reservarse a componentes que hacen el papel de interruptores).

El último componente pertenece a un nuevo dominio (`binary_sensor`) y agrupa todos aquellos sensores que devuelven únicamente dos valores (alto y bajo), como, por ejemplo, un interruptor, un pulsador o, incluso, un sensor de presencia PIR.

A primera vista un pulsador podría confundirse con un actuador. No es así, ya que es un sensor que detecta la presión ejercida sobre él.

Las variables de configuración de este componente tienen el mismo significado que las del dominio `switch`. En este sentido, la variable `platform` toma el valor `gpio` porque el sensor pondrá a nivel alto o bajo el GPIO especificado en la variable `pin`.

Los componentes del dominio `switch` se conectan a un GPIO que ESPHome ha configurado en modo salida (son actuadores). En los sensores el GPIO está en modo entrada.

La variable `id` se utiliza para identificar el sensor (en este ejercicio se trata de un pulsador). Aunque no intervenga en ninguna automatización, es obligatorio añadirla al no haber incluido la variable `name` (no se quiere que aparezca en la interfaz web del dispositivo para que el led solo se pueda controlar desde el pulsador, no desde un navegador).

Lo que hace realmente interesante a este componente es la existencia del evento `on_click`. Se generará cada vez que se presione y se suelte el pulsador en un breve espacio de tiempo (lo que se conoce por hacer clic).

```
on_click:
  then:
    - switch.toggle: led_rojo
```

Será el que provoque la ejecución de la acción `toggle` del `led_rojo` (perteneciente al dominio `switch`). Como resultado, el led se encendería si estuviera apagado y viceversa.

Una vez realizados los cambios, guarde el archivo de configuración, genere el firmware y cárguelo en el dispositivo. Para probar el comportamiento del sistema, presione y suelte el pulsador rápidamente (como si hiciera clic en un ratón). El led debería encenderse. Si lo hiciera de nuevo, se apagaría.

Recuerde que para que el led cambie de estado debe presionar y soltar el pulsador de forma rápida. Si lo mantuviera presionado y no lo soltara, o lo hiciera pasado más de un segundo, ESPHome no lo consideraría un clic.

Antes de finalizar esta sección, debe saber que el componente `binary_sensor` no solo cuenta con el evento `on_click`, sino también con los siguientes:

- `on_press`. Se produce en el momento que el sensor pone a nivel alto el GPIO al que está conectado (en este caso, cuando se presiona el pulsador).

- `on_release`. Se produce cuando el sensor pone a nivel bajo el GPIO al que está asociado (se deja de presionar el pulsador).

- `on_state`. Es una combinación de los dos anteriores, ya que se produce en el instante que el sensor pone a nivel alto o a nivel bajo el GPIO al que está conectado (se presiona o se suelta el pulsador).

- `on_double_click`. Se genera cuando se hace una doble pulsación, entendida como un doble clic (se presiona y se deja de presionar dos veces seguidas).

- `on_multi_click`. Se generar cuando se presiona y se deja de presionar en una secuencia específica (deberá definirla).

Los eventos del componente `binary_sensor` se encuentran descritos en https://esphome.io/components/binary_sensor/index.html#binary-sensor-automation.

Sustituya el evento `on_click` por `on_double_click`:

```
on_double_click:
  then:
    - switch.toggle: led_rojo
```

Guarde el archivo de configuración, genere el firmware y cárguelo en el dispositivo. A partir de ahora, el led solo cambiará de estado cuando haga doble clic.

Por último, sustituya la regla asociada al evento `on_double_click` por estas otras dos, correspondientes a los eventos `on_press` y `on_release` (por claridad, se incluye el componente completo):

```
binary_sensor:
  - platform: gpio
    pin: 12
    id: pulsador
    on_press:
      then:
        - switch.turn_on: led_rojo
    on_release:
      then:
        - switch.turn_off: led_rojo
```

En este caso, el led se encenderá únicamente mientras mantenga presionado el pulsador.

7.2 REGLAS CONDICIONALES

Las reglas utilizadas hasta ahora ejecutaban una secuencia de acciones cuando se producía un evento. Sin embargo, hay situaciones en las que solo debe ser así en determinadas situaciones. Por ejemplo, aunque un sensor genere el evento on_value cada vez que obtenga un valor, lo habitual es que una regla ejecute sus acciones solo cuando este cumpla ciertas condiciones. Siguiendo con este mismo ejemplo, si el sensor midiera la temperatura ambiente, la regla que estuviera a la escucha de estos valores (su disparador fuera el evento on_value) no encendería la calefacción hasta que no fuera inferior al establecido por el usuario.

La sintaxis de una regla condicional sigue la sintaxis:

```
- if:
    condition:
      condición
    then:
      -acción
      …
      -acción
    else:
      -acción
      …
      -acción
```

Como puede apreciar, la acción `if` está formada por tres bloques:

- **condition**. Condición que debe cumplirse para que se ejecuten las acciones del bloque `then`.

- **then**. Lista de acciones que se ejecutarían cuando se cumpliera la condición.

- **else**. Lista de acciones que se ejecutarían si no se cumpliera la condición. Es opcional.

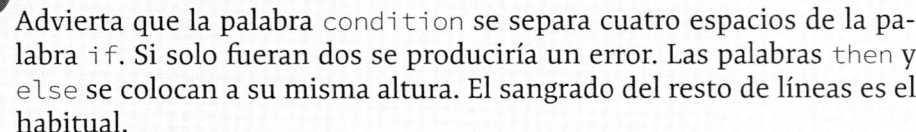

Advierta que la palabra `condition` se separa cuatro espacios de la palabra `if`. Si solo fueran dos se produciría un error. Las palabras `then` y `else` se colocan a su misma altura. El sangrado del resto de líneas es el habitual.

Es decir, cuando se genera un evento que es el disparador de una regla, lo primero que se hace es comprobar la condición. Si se cumpliera, se ejecutarían las acciones del bloque then y, en caso contrario, las del bloque `else` (si existiera).

Seguramente haya trabajado con lenguajes de programación, por lo que se habrá dado cuenta de la similitud entre esta estructura de datos y la clásica sentencia condicional `if...then...else`. No es la única, ya que ESPHome también admite otras estructuras de datos cuyo comportamiento es asimilable a sentencias como `repeat...until o do...while`. En cualquier caso, y a pesar de su parecido, siguen siendo estructuras de datos, no sentencias de control del fujo de ejecución de un programa. Estamos ya rozando el límite con la programación, pero era inevitable si no quiere conformarse con desarrollar automatizaciones elementales.

A modo de ejemplo, las dos únicas condiciones que admite el dominio `switch` son:

- **is_on**. El componente está activado o encendido.

- **is_off**. El componente está desactivado o apagado.

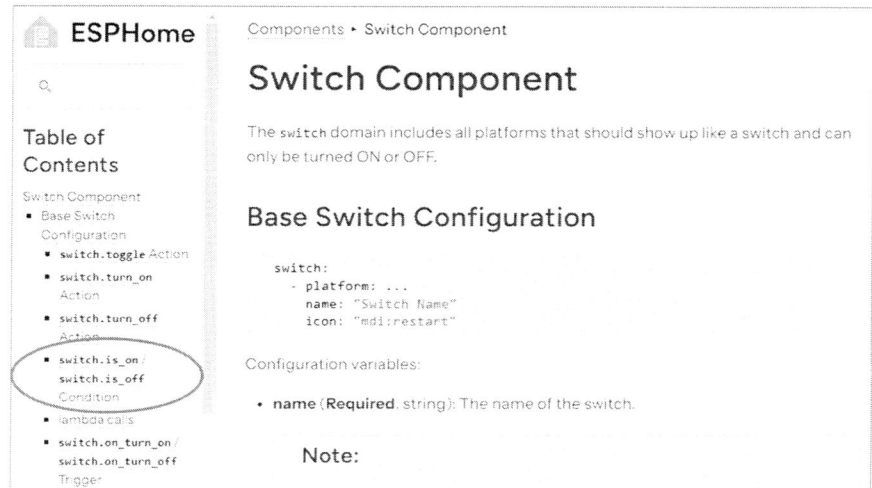

Llegados a este punto, ya está en condiciones de entender toda la información que ESPHome proporciona de un componente: la descripción, las variables de configuración de las que dispone *(configuration)*, los filtros *(filters)*, los eventos que es capaz de generar *(triggers)*, las acciones que puede ejecutar *(actions)* y las condiciones en las que participaría *(conditions)*.

No confunda la acción `turn_on` con el evento `on_turn_on` ni con la condición `is_on`. En el contexto del ejercicio utilizado en este capítulo, la acción `turn_on` encendería el led, lo que provocaría el evento `on_turn_on`. A partir de ese momento, se cumpliría la condición `is_on` de este componente.

El mismo razonamiento sería válido para la acción `turn_off`, el evento `on_turn_off` y la condición `is_off`.

La sintaxis con la que se especifica una condición vuelve a ser de nuevo un par *clave:valor*:

```
componente.condición: id_componente
```

La clave es la condición que se quiere aplicar (cualquiera de las admitidas por el componente o el dominio al que pertenece). El valor es el identificador del componente concreto al que se aplica (valor de la variable id).

Por ejemplo, la condición que permitiría saber si el led rojo está encendido es:

```
switch.is_on: led_rojo
```

Con el fin de realizar una práctica sencilla que utilice el mismo circuito que el de la sección anterior, en esta ocasión será capaz de simular la acción toggle del dominio switch haciendo uso únicamente de las acciones turn_on y turn_off. Para ello, solo tiene que sustituir el código del componente binary_sensor por este otro:

```
binary_sensor:
  - platform: gpio
    pin: 12
    id: pulsador
    on_press:
      then:
        - if:
            condition:
             switch.is_off: led_rojo
            then:
             - switch.turn_on: led_rojo
            else:
             - switch.turn_off: led_rojo
```

> **i** Recuerde que el sangrado de la palabra condition es de cuatro caracteres (no de dos).

Observe que en esta ocasión la regla tiene una condición is_off, mediante la que se comprueba si el led rojo está apagado.

```
condition:
 switch.is_off: led_rojo
```

De ser así, lo encendería con la acción turn_on:

```
then:
 - switch.turn_on: led_rojo
```

En caso contrario, lo apagaría con la acción turn_off:

```
else:
  - switch.turn_off: led_rojo
```

Una vez guardados los cambios, genere el firmware y cárguelo en el dispositivo. A continuación, presione el pulsador. El led debería encenderse. Si volviera a hacerlo se apagaría.

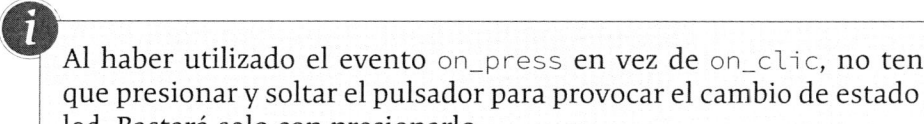

> Al haber utilizado el evento on_press en vez de on_clic, no tendrá que presionar y soltar el pulsador para provocar el cambio de estado del led. Bastará solo con presionarlo.

> El código completo de este ejercicio lo encontrará en el archivo "control-led-condition.yaml" del contenido web descargable.

7.3 LAMBDAS Y VARIABLES GLOBALES

Hasta ahora, las condiciones y las acciones utilizadas eran parte de las ofrecidas por el componente o dominio al que pertenecían. Sin embargo, en las automatizaciones complejas puede ser necesario recurrir a condiciones que describan situaciones más complejas o acciones que no sean las estándar de los componentes. En este caso, tendrá que desarrollarlas usted mismo haciendo uso de lambdas.

Una lambda es definida con la siguiente sintaxis:

```
lambda: |-
    código C++
```

Efectivamente, una lambda está formada por código escrito en lenguaje C++ (en el que se basa Arduino), lo que le permitirá hacer cualquier tipo de acción o procesamiento de información que desee, por muy complejo que sea. Sin embargo, como uno de los objetivos de esta obra es dejar de lado la programación, no se explicarán los fundamentos de este lenguaje, sino únicamente dos sentencias (a las que trataremos como si fueran comandos de ESPHome), con las que incrementará considerablemente el número de automatizaciones que pueda llegar a crear. Naturalmente, si usted ya ha programado en Arduino le será muy sencillo implementar su propio código y llevar las automatizaciones a otro nivel. Pero eso ya cae fuera del ámbito de este manual, dedicado al desarrollo de sistemas domóticos sin programación.

Una lambda, como cualquier otro código, es capaz de hacer casi cualquier cosa, por lo que en una automatización puede emplearse tanto para la ejecución de acciones como en la evaluación de condiciones. En este segundo caso, deberá devolver un valor booleano (`true` o `false`), ya que será el que determine la ejecución de las acciones del bloque `then` o `else` de la regla. A tal efecto, se deberá invocar el comando:

```
return expresión;
```

Todas las sentencias deben acabar con un punto y coma (';').

Una expresión está formada por uno o más valores que se combinan mediante operadores. Estos realizan algún tipo de cálculo que devuelve otro valor. Así, por ejemplo, el resultado de la siguiente expresión es la suma de los valores 2 y 3:

```
2 + 3
```

En la expresión anterior, los números 2 y 3 son los operandos y el signo '+' es el operador que realiza la suma de ambos. Naturalmente, los operandos no solo pueden ser valores literales, sino también otras expresiones.

Tal como se acaba de indicar, el resultado de la expresión aritmética anterior es un número. Sin embargo, el de las lambdas que intervienen en las condiciones tiene que ser necesariamente un valor booleano (`true` o `false`), que es precisamente lo que hacen las expresiones lógicas y/o de comparación.

Si en las expresiones aritméticas se utilizaban operadores aritméticos, en las de comparación se usan operadores de comparación. Los principales son: `>`, `<`, `>=`, `<=`, `==` y `!=`, que devuelven el valor `true` si el operando izquierdo es mayor, menor, mayor o igual, menor o igual, igual o distinto que el operador derecho, respectivamente (en caso contrario, devolverían el valor `false`).

Cuando se trabaja con números, dichas comparaciones son intuitivas. Con las cadenas se realizan de forma lexicográfica, carácter a carácter (como se ordenan las palabras en un diccionario).

En las expresiones lógicas, a diferencia de las de comparación, los operandos deben ser necesariamente valores booleanos (o poder interpretarse como tales, por ejemplo, el 0 sería equivalente a `false`). En lo que respecta a los operadores, destacan: `&&` y `||`, que devuelven el valor `true` si ambos operandos son `true` o solo si alguno de ellos es `true`, respectivamente. Por su parte, el operador `!` es un operador unario (solo tiene un operando) y devuelve el valor `true` si el operando es `false` y viceversa.

Los operadores de cualquiera de estas expresiones pueden ser otras expresiones, una variable o un valor. En este último caso, los más interesantes son los ofrecidos por los sensores. Para saber cómo obtenerlos, lo primero que tiene que saber es que dentro de una lambda los componentes son representados mediante objetos, a los que se accede a partir de su identificador con la expresión:

```
id(identificador)
```

Por ejemplo, imagine que un dispositivo tiene el siguiente sensor de temperatura:

```
sensor:
  - platform: dht
    pin: 13
    temperature:
      id: mi_sensor
      name: "Temperatura del salón"
```

El objeto que representaría la parte que mide la temperatura sería:

```
id(mi_sensor)
```

El último valor medido por un sensor se guarda siempre en su propiedad state, al que se accedería con esta otra expresión:

```
objeto_sensor.state
```

En el ejemplo anterior sería:

```
id(mi_sensor).state
```

Siguiendo con el ejemplo del sensor de temperatura, la siguiente condición se cumpliría cuando la temperatura cayera por debajo de 20 ℃.

```
condition:
    lambda: |-
      return id(mi_sensor).state < 20
```

Si la función lambda solo tuviera una línea, también podría expresarse así:

```
condition:
    lambda: !lambda "return id(mi_sensor).state < 20;"
```

O así:

```
condition:
    lambda: "return id(mi_sensor).state < 20;"
```

Los valores manejados por las expresiones de comparación y/o lógicas no tienen que ser necesariamente los obtenidos por un sensor, sino los generados como resultado de otra automatización. En ese caso, dichos valores deberán almacenarse en variables globales, ya que son las únicas que pueden ser leídas o modificadas desde cualquiera de las reglas asociadas a los sensores o actuadores de un mismo sistema.

En ESPhome, las variables globales se especifican y agrupan bajo el paraguas del componente `globals`, cuyas variables de configuración obligatorias son:

- `id`. Nombre de la variable.

- `type`. Tipo al que pertenece. Los más comunes son `int` para los números enteros, `float` para los decimales, `bool` para los valores booleanos (`true` y `false`) y `string` para las cadenas de caracteres.

De las opciones, solo destacaremos:

- `initial_value`. Valor inicial. Es imprescindible que vaya entre comillas (aunque sea un número o un valor booleano).

Todas las variables de configuración del componente `globals` las encontrará en https://esphome.io/guides/automations.html#global-variables.

Por último, la expresión que permitiría acceder a una variable, tanto para leer su valor como para escribirlo, es:

```
id(id_variable)
```

Con el fin de practicar con lambdas y condiciones, realizará un nuevo ejercicio en el que será capaz de habilitar o inhabilitar el pulsador del circuito utilizado en ejercicios anteriores durante un tiempo determinado. Cuando esté habilitado, le permitirá cambiar el estado del led (encenderlo si estuviera apagado y viceversa). Mientras esté inhabilitado no servirá de nada presionarlo (es como si no funcionara).

Para conseguir este comportamiento, creará una variable global que represente el estado del pulsador (`pulsador_activo`). Su valor será `true` cuando esté habilitado y `false` en caso contrario.

```
globals:
  - id: pulsador_activo
    type: bool
    initial_value: 'true'
```

Añada este código al último fichero de configuración que ha estado manejando en las prácticas anteriores.

El valor de esta variable se modificará en la regla asociada al pulsador. Por lo tanto, sustituya también la especificación del componente `binary_sensor` por esta otra:

```
binary_sensor:
  - platform: gpio
    pin: 12
    id: pulsador
    on_press:
      then:
       - if:
          condition:
            lambda: "return id(pulsador_activo);"
          then:
            - switch.toggle: led_rojo
            - lambda: "id(pulsador_activo) = false;"
            - delay: 10s
            - lambda: "id(pulsador_activo) = true;"
```

El principal cambio respecto de la especificación anterior está en la regla asociada al evento `on_press`. En esta ocasión, la condición es una lambda que devuelve el valor de la variable `pulsador_activo`.

```
condition:
  lambda: "return id(pulsador_activo);"
```

Las acciones del bloque then solo se ejecutarán cuando su valor sea true:

```
then:
  - switch.toggle: led_rojo
  - lambda: "id(pulsador_activo) = false;"
  - delay: 10s
  - lambda: "id(pulsador_activo) = true;"
```

La primera cambia el estado del led rojo (lo encendería si estuviera apagado o viceversa).

La segunda asigna el valor `false` a la variable global `pulsador_activo`. A partir de ese momento el pulsador dejará de funcionar, ya que la condición de la regla no se volverá a cumplir.

La tercera acción ejecuta un temporizador de diez segundos. Será el tiempo que el pulsador permanecerá inhabilitado.

La cuarta y última acción se ejecuta cuando finaliza el temporizador anterior. Asigna el valor `true` a la variable global `pulsador_activo` para habilitar de nuevo el pulsador.

En resumen, el pulsador solo responderá diez segundos después de haberlo presionado por última vez. Para comprobarlo, una vez guardados los cambios, generado el firmware y cargado en el dispositivo, presione el pulsador. El led se encenderá. Siga presionándolo de forma reiterada. El led se mantendrá encendido hasta que pasen diez segundos, momento en el que se apagará. No deje de presionar y soltar el pulsador hasta que, transcurridos otros diez segundos, vuelva a encenderse de nuevo.

El código completo de este ejercicio lo encontrará en el archivo "control-led-variable-global.yaml" del contenido web descargable.

Unidad 8
ACTUADORES

Como sabe, un actuador es un dispositivo capaz de realizar una acción que modifica el entorno (subir o bajar una persiana, encender o apagar un radiador, abrir o cerrar una electroválvula, emitir luz o sonido, mostrar cierta información gráfica o textual, etc.). Existe una gran variedad de actuadores, pero en esta obra solo se van a tratar los más comunes:

- Relés
- Motores
- Altavoces
- Buzzers
- Leds
- Pantallas

Veamos con algo más de detalles este tipo de actuadores y los componentes o dominios en los que estarían agrupados cada uno de ellos.

8.1 RELÉS Y MOTORES

Como sabe, los relés son como componentes del dominio `switch` cuya variable `plataform` tiene el valor `gpio`. Aunque podrían controlarse desde la interfaz web del dispositivo, cuando quiera que solo intervengan en las automatizaciones (el usuario queda excluido de su manejo), deberá utilizar el dominio `output`. Al igual que el dominio `switch`, dispone de la variable `platform` y, del mismo modo, solo aquellos cuyo valor sea `gpio` representarían un relé.

Los relés no son los únicos componentes del dominio `switch` en los que la variable `platform` toma el valor `gpio`, ya que es una característica compartida por todos aquellos cuyo estado (activo o inactivo, encendido o apagado) viene determinado por el nivel del GPIO al que estén conectado (alto o bajo). Entre ellos se encuentran los leds, los buzzer activos, los sensores PIR, incluso los leds. A este tipo de componentes se los conoce como *GPIO output*.

La variable `platform` no es la única de carácter obligatorio del dominio `output`, ya que también requiere estas otras:

- `pin`. GPIO al que está conectado el componente.
- `id`. Identificador del componente. A diferencia del dominio `switch`, esta variable sí es obligatoria porque es la única forma de hacer referencia a él desde una automatización.

El resto de variables del dominio `output` las encontrará en https://esphome.io/components/output/.

Además de las variables anteriores, los componentes del dominio `output` se caracterizan por las siguientes acciones:

- `turn_on`. Activa o enciende el componente (el GPIO se pone a nivel alto).
- `turn_off`. Apaga o desactiva el componente (el GPIO se pone a nivel bajo).

Observe que, en contraste con el dominio `switch`, el dominio `output` no dispone de la acción `toggle`.

A nivel físico, en los circuitos montados hasta el momento ha utilizado un tipo de relé básico, muy fácil de manejar durante la realización de las pruebas, pero complicado de instalar en una ubicación definitiva junto con la placa ESP8266 y la fuente de alimentación. Por ese motivo, se comercializan dispositivos basados en este mismo SoC que ya vienen con todos los componentes del circuito, como los de la marca Shelly (una de las más populares para los amantes de la domótica).

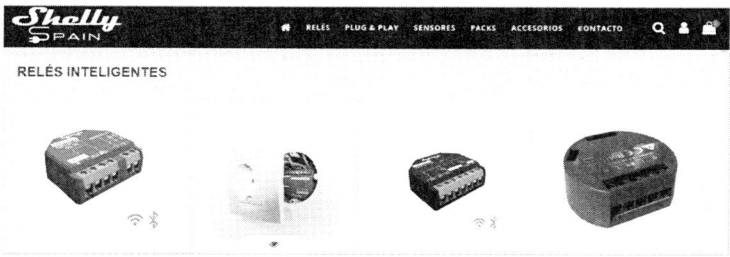

Si optara por uno de ellos, deberá asegurarse de que el modelo adquirido se pueda abrir fácilmente, disponga de una placa basada en el SoC ESP8266 y sus pines sean accesibles para realizar la carga del firmware, tal como se observa en esta otra imagen, correspondiente a un Sonoff BASIC:

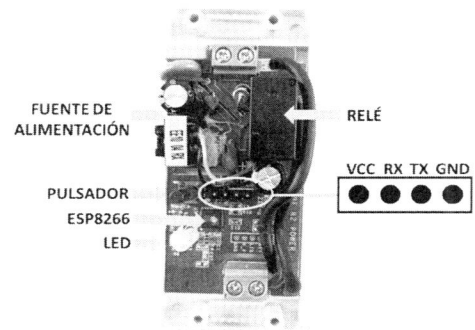

En ella se aprecian claramente todos sus componentes: la fuente de alimentación, el relé y, por supuesto, el ESP8266. También destacan los pines de alimentación (VCC y GND), así como los utilizados para cargar del firmware (RX y TX). El pulsador conecta el GPIO0 con GND cuando se presiona, el led está conectado al GPIO13 y el relé al GPIO12.

Suponiendo que no tuviera un programador de 3.3 V (lo más habitual) y fuera necesario recurrir a una fuente de alimentación externa (la del propio dispositivo no se puede usar porque tiene que estar desenchufado), los pasos a seguir para cargar un firmware serían:

1. Conectar los pines RX y TX del dispositivo con los del programador de forma cruzada.

2. Conectar el programador al ordenador. Este quedaría alimentado.

3. Conectar el pin GND de la fuente de alimentación a la del programador para que tengan la misma referencia de tensión.

4. Conectar el pin VCC de la fuente de alimentación a la del dispositivo, presionar el pulsador y, sin soltarlo, conectar el pin GND.

En estas circunstancias, el ESP8266 quedaría alimentado y entraría en el modo programación. Ya puede soltar el pulsador.

5. Cargar el firmware.

> *i* Si dispusiera de un programador que proporcionara 3.3 V (no 5 V), no necesitaría una fuente de alimentación. Solo tendría que conectar los pines VCC y GND del dispositivo a los del programador.

Para ejecutar el firmware, desconecte los cables, póngale de nuevo la carcasa al dispositivo y enchúfelo a la red eléctrica.

Al igual que sucede con los relés, los motores también son muy empleados en aplicaciones domóticas como, por ejemplo, en la automatización de persianas, toldos o cortinas, la apertura de puertas, en sistemas de climatización o extracción de humos, etc. En todas ellos, lo que se hace es arrancar y apagar un motor y/o cambiar su sentido del giro mediante pulsadores físicos o una aplicación móvil específica. Eso significa que, en general, el control del motor podría reducirse al control de uno o varios relés (sustituirían o complementarían los pulsadores).

8.2 ALTAVOCES Y BUZZERS

Al igual que los relés y los motores, los altavoces y los buzzer están basados en el principio de la inducción magnética, según el cual una corriente eléctrica genera un campo electromagnético. Si en un relé se usaba para abrir o cerrar un circuito y en un motor para hacer girar un rotor, los altavoces y los buzzers aprovechan este mismo principio para convertir la energía eléctrica en acústica. La forma de hacerlo es mediante un diafragma o lámina que se mueve siguiendo las señales eléctricas que recibe de un GPIO PWM. Eso provoca ondas de presión en el aire circundante que producen los sonidos.

Cuando no sea necesario reproducir un sonido con fidelidad, en vez de un altavoz se puede usar un buzzer, utilizado básicamente para emitir señales acústicas de aviso o alarma. Los hay de dos tipos: pasivos y activos. Los primeros son como un altavoz muy pequeño, pero de peor calidad y una potencia sonora muy baja. Los activos tienen un volumen sonoro algo mayor, pero emiten un único tono, el que genera un circuito electrónico que llevan incorporado. Por ese motivo, se debe tener cuidado a la hora de conectarlos al circuito, ya que una de las patillas (la más larga y etiquetada con el signo +) deberá conectarse al extremo positivo.

 Los altavoces y los buzzer pasivos no tienen polaridad.

Los buzzer activos se controlan como cualquier componente del dominio output o switch de tipo *GPIO output* (el valor de la variable platform es gpio). Solo haría falta poner a nivel alto el pin al que estuvieran conectados para que empezaran a sonar.

En cambio, a los altavoces o buzzer pasivos hay que proporcionarles la forma de onda que quiera reproducir. Por eso requieren de un componente especial, rtttl, que funciona combinado con otro del dominio output:

```
output:
 - platform: esp8266_pwm
   id: identificador del componente output


rtttl:
 output: identificador del componente output
 id: identificador del propio componente
```

El componente rtttl tiene dos variables de configuración obligatorias:

- **id**. Su identificador.

- **output**. Identificador del componente output al que está asociado el buzzer o el altavoz.

El resto de las variables de configuración de los componente las encontrará en https://esphome.io/components/rtttl.html.

En lo que respecta al componente del dominio `output`, los manejados hasta el momento eran de tipo *GPIO output* (el valor de la variable `platform` era `gpio`), ya que el nivel alto o bajo del pin era el que determinaba su estado (encendido o apagado). Sin embargo, un buzzer pasivo o un altavoz requieren una señal analógica (la del sonido que se quiere reproducir), lo que implica utilizar los GPIO PWM (*pulse-width modulation*, modulación por ancho de pulso). Por ese motivo, el valor de la variable `platform` será ahora `esp8266_pwm`.

Para que un buzzer pasivo (o un altavoz) reproduzca un sonido deberá ejecutarse la acción:

```
rtttl.play: sonido
```

El sonido se especifica en formato texto mediante un lenguaje que da nombre al componente (rtttl, *Ring Tone Text Transfer Language*), desarrollado originalmente por Nokia para la transferencia de tonos de llamada en los teléfonos móviles. No se describirá su sintaxis, por lo que le animo a elegir alguna de las muchas melodías disponibles en la web, como las que encontrará de ejemplo en la página https://esphome.io/components/rtttl.html:

- **Dos beeps.** `"two_short:d=4,o=5,b=100:16e6,16e6"`
- **Un beep largo.** `"long:d=1,o=5,b=100:e6"`
- **Sirena.** `"siren:d=8,o=5,b=100:d,e,d,e,d,e,d,e"`

Más adelante, en la sección de prácticas, aprenderá a utilizar este sencillo componente.

8.3 LEDS Y DISPLAYS

Si los altavoces y los buzzers convertían la energía eléctrica en acústica, los leds la transforman en luz. Pocos sistemas domóticos prescinden de estos componentes que, mediante diversos efectos luminosos (parpadeo, cambio de color, etc.), indican el estado del sistema (por ejemplo, si está encendido, conectado a la red wifi o realizando una determinada tarea).

ESPHome dispone de un dominio específico (`light`) que permite crear efectos luminosos con cualquier combinación de colores RGB (*Red*, *Green*, *Blue* - rojo, verde, azul, colores primarios a partir de los que se generan todos los demás), transiciones, destellos, etc. Como no podía ser de otra forma, una de sus variables de configuración es platform, que determina el tipo de luz que representa el componente (Neopixel, FastLED, RGB, CCT, etc.). Quizás, el más común es el que solo tienen dos estados (encendido y apagado), motivo por el que la variable platform toma el valor binary.

Al igual que el componente que representaba a los buzzer pasivos, este también requiere estar asociado a un componente de tipo *GPIO output* que establezca el pin digital al que está conectada la luz.

```
output:
  - platform: gpio
    id: identificador del componente output
```

```
light:
  platform: binary
  id o name: identificador o nombre del componente
  output: identificador del componente output
```

Como puede observar, el valor de la variable id del componente perteneciente al dominio output debe coincidir con el de la variable output del componente light.

Si lo recuerda, en el capítulo anterior dedicado a las automatizaciones se utilizó un circuito en el que había un led y un pulsador. En ESPHome, el led es representado como un componente del dominio switch y, si bien se trata de una solución válida que agrupa el interruptor y el led en el mismo componente, lo ideal sería separarlos en un componente output y otro light.

Si quiere adoptar este nuevo enfoque, sustituya el componente switch presente en todas las prácticas del capítulo anterior:

```
switch:
  - platform: gpio
    pin: 13
    id: led_rojo
```

por estos otros dos componentes:

```
light:
  - platform: binary
    id: led_rojo
    output: output_led_rojo
```

```
output:
  - platform: gpio
    pin: 13
    id: output_led_rojo
```

Adicionalmente, tendrá que remplazar el dominio switch por light en todas las acciones. Por ejemplo, el componente binary_sensor de la primera práctica quedaría así:

```
binary_sensor:
  - platform: gpio
    pin: 12
    id: pulsador
    on_click:
      then:
        - light.toggle: led_rojo
```

> **i** El código completo de este ejercicio lo encontrará en el archivo "control-led-output-light.yaml" del contenido web descargable.

Además del componente light, ESPHome dispone de otros más específicos, como status_led, cuyos efectos visuales están orientados a dar información del estado del sistema. Se estudiará más adelante, en una de las prácticas que hará a continuación.

Al igual que los leds, las pantallas también son actuadores, con la diferencia de que la información visual que pueden llegar a mostrar (textos, imágenes) es mucho más rica. El uso de estos componentes es algo más complejo que el de los anteriores, motivo por el que se dedicará un capítulo exclusivo a ellos.

8.4 PRÁCTICAS

A continuación, pondrá en práctica los conocimientos que acaba de adquirir sobre los actuadores. Cada ejercicio tendrá como protagonista un relé, un buzzer y un led (las pantallas se estudiarán en el siguiente capítulo).

El primer sistema le permitirá encender automáticamente la luz de cualquier estancia durante un tiempo fijado cada vez que un sensor PIR detecte movimiento.

El segundo hará sonar una alarma cuando la temperatura suba por encima de un límite establecido.

Las últimas prácticas son tan sencillas como curiosas. En una de ellas será capaz de generar diversos efectos luminosos con un led RGB. En la otra, un led normal configurado de una manera especial advertirá de errores esporádicos o graves de funcionamiento del sistema.

8.4.1 Encendido temporizado de luces mediante control de presencia

Tal como se acaba de indicar, en esta práctica utilizará un sensor PIR *(Passive InfRared)* para encender la luz de una estancia (un pasillo, un cuarto de baño, una escalera, etc.) durante un determinado periodo tiempo cuando se detecte algún movimiento.

Los dispositivos PIR perciben cambios en la radiación infrarroja recibida. Todos los objetos emiten radiación infrarroja y, cuanto más calientes están, más radiación emiten. El dispositivo consta de una lente Fresnel que dirige esta radiación hacia dos sensores situados detrás de una ventana con dos ranuras rectangulares. Esta disposición hace que cualquier movimiento modifique la cantidad de radiación recibida por cada uno de ellos, lo que provocaría un cambio de estado a un nivel alto.

Se supone al lector familiarizado con este componente, por lo que no se entrará en detalles sobre su funcionamiento. Recuerde ajustar el tiempo entre las mediciones, su sensibilidad o si quiere que se dispare de forma única o repetida, según sus preferencias.

 En esta práctica se han usado los valores predeterminados.

La siguiente imagen muestra que el PIR está conectado al GPIO12 del WEMOS y el relé encargado de encender la luz al GPIO13.

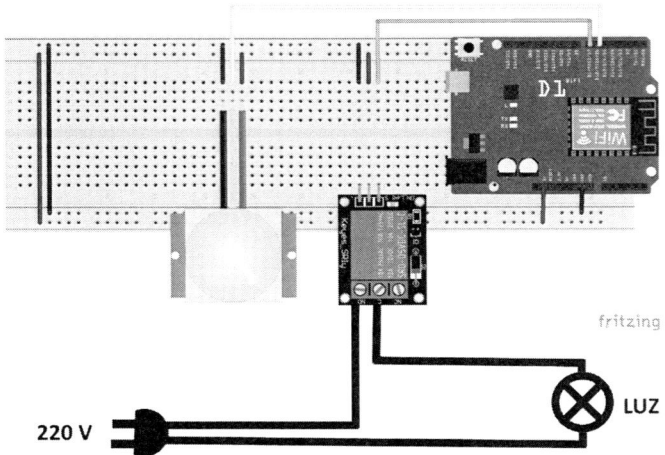

Una vez montado el circuito, acceda al panel web de ESPHome y cree un nuevo nodo llamado "pir". A continuación, añada a su archivo de configuración los componentes que forman parte de este sistema domótico: un relé y un sensor PIR. Como ya sabe, un relé es un componente del dominio `switch`. Para conocer el que representa al sensor PIR deberá buscarlo en la web de ESPHome https://devices.esphome.io/ (igual que hizo con el relé en su momento). Una vez allí, seleccione "Sensors" en el campo de búsqueda del panel izquierdo. En el derecho aparecerán todos los tipos de sensores que reconoce ESPHome, entre los que hay un sensor PIR genérico ("Generic PIR"). Pulse sobre él.

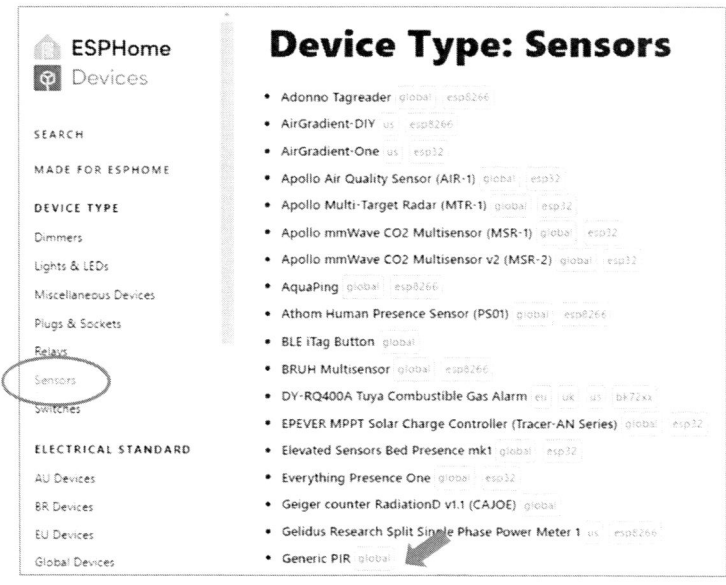

Verá la imagen de un sensor PIR similar al empleado en este ejercicio.

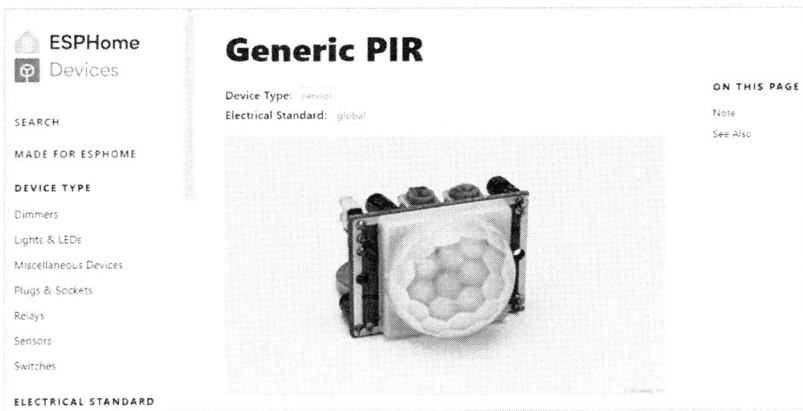

Un poco más abajo se encuentran las líneas de un código YAML de ejemplo. Como puede comprobar, se trata de un componente del dominio binary_sensor.

Por lo tanto, añada los siguientes componentes al archivo de configuración del nodo que acaba de crear:

```yaml
web_server:

switch:
  - platform: gpio
    pin: 13
    name: "Luz"
    id: luz

binary_sensor:
  - platform: gpio
    pin: 12
```

```
name: "Sensor PIR"
on_press:
 then:
  - switch.turn_on: luz
  - delay: 5s
  - switch.turn_off: luz
```

Además del servidor web (`web_server`) se ha incluido el relé conectado al GPIO13 (`switch`) y el sensor PIR conectado al GPIO12 (`binary_sensor`).

El sensor PIR tiene asociado el evento `on_press`, que se disparará siempre que detecte algún movimiento, es decir, cuando el GPIO al que está conectado pase a nivel alto. En esas circunstancias se realizarán tres acciones:

1. Se enciende la luz (`turn_on`).

2. Se espera cinco segundos (`delay`).

3. Se apaga la luz (`turn_off`).

Una vez realizados los cambios, guarde el archivo de configuración, genere el firmware y cárguelo en el dispositivo. Para comprobar su funcionamiento pase la mano por delante del sensor. En ese momento, oirá el clic característico que hace el relé cuando se activa y, cinco segundos después, un segundo clic al desactivarse.

> Durante las pruebas puede sustituir el relé por un led con su correspondiente resistencia de protección. Después de verificar el correcto funcionamiento del sistema, sustituya el led por el relé y asigne un periodo de tiempo adecuado.

Si accediera al dispositivo mediante un navegador, vería el estado actual tanto de la luz como del sensor PIR.

Desde esta página también podrá encender o apagar la luz (activar o desactivar el relé). Si quisiera que la luz fuera controlada únicamente por el sensor, sustituya el dominio `switch` por `output`.

```
output:
  - platform: gpio
    pin: 13
    id: luz
```

¡Ah! En ese caso no se olvide de cambiar el nombre del dominio (`output` en vez de `switch`) en la automatización asociada al sensor.

```
binary_sensor:
  - platform: gpio
    pin: 12
    name: "Sensor PIR"
    on_press:
      then:
        - output.turn_on: luz
        - delay: 5s
        - output.turn_off: luz
```

Guarde los cambios, genere el firmware y cárguelo en el dispositivo. A continuación, abra de nuevo su página web de acceso para comprobar que ahora ya no aparece el interruptor con el que antes se podía encender o apagar la luz manualmente (solo el estado del sensor). En todo lo demás, el comportamiento del sistema seguirá siendo el mismo.

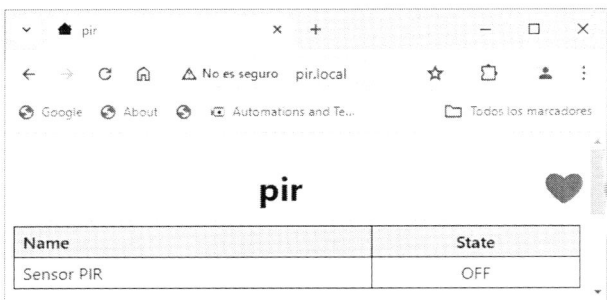

8.4.2 Alarma de temperatura

En esta segunda práctica desarrollará un dispositivo que podría utilizarse, por ejemplo, para controlar el correcto funcionamiento de una cámara frigorífica, ya que haría sonar una alarma cuando la temperatura subiera por encima de un determinado valor.

Aunque se trate de un ejercicio sencillo, la reproducción continua de un sonido implica el uso de un nuevo componente de ESPHome que le será de gran utilidad en otro tipo de aplicaciones prácticas que no tienen nada que ver con buzzers o altavoces.

El circuito utilizado estará formado por un sensor DHT11 conectado al GPIO12 y un buzzer pasivo (o un pequeño altavoz) conectado al GPIO13.

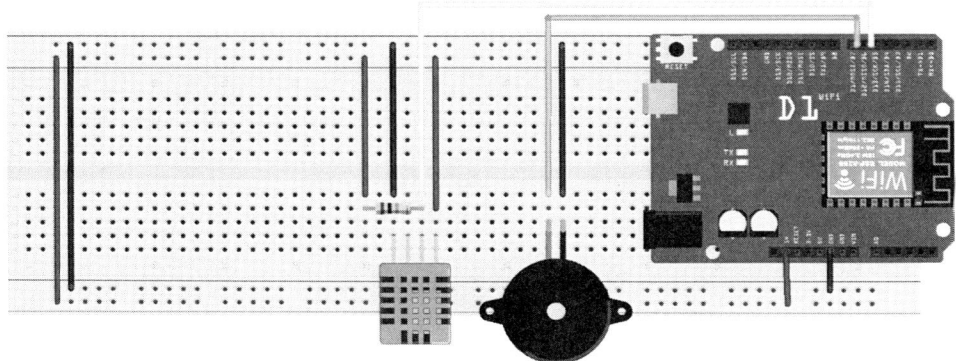

Una vez montado el circuito, acceda al panel web y cree el nodo "alarma-temperatura". Luego, añada los siguientes componentes:

```yaml
web_server:

output:
  - platform: esp8266_pwm
    pin: 13
    id: buzzer

rtttl:
  output: buzzer

sensor:
  - platform: dht
    pin: 12
    update_interval: 5s
    temperature:
      name: "Temperatura"
```

```
    on_value_range:
      - above: 29.0
        then:
          - lambda: "id(alarma) = true;"
      - below: 28.0
        then:
          - lambda: "id(alarma) = false;"

  globals:
  - id: alarma
    type: bool
    initial_value: 'false'

  interval:
  - interval: 1s
    then:
      - if:
          condition:
            lambda: "return id(alarma);"
          then:
            - rtttl.play: 'two_short:d=4,o=5,b=100:16e6,16e6'
```

De nuevo, el primer componente (`web_server`) vuelve a ser el que le proporciona la interfaz web al dispositivo.

El buzzer se modela con un componte `rtttl` asociado a otro del dominio `output`:

```
  output:
  - platform: esp8266_pwm
    pin: 13
    id: buzzer

  rtttl:
  output: buzzer
```

Observe que el valor de la variable `output` del componente `rtttl` coincide con el de la variable `id` del dominio `output` (en ambos es `buzzer`). El resto de variables de este último componente indican que el buzzer se ha conectado al GPIO13 (el valor de `pin` es 13) y que está configurado como salida PWM (el valor de `platform` es `esp8266_pwm`).

El sensor DHT ya lo conoce, aunque, como novedad, se ha obviado la parte relativa a la humedad (esta información no es de interés).

```
sensor:
 - platform: dht
   pin: 12
   update_interval: 5s
   temperature:
    name: "Temperatura"
```

Este sensor tiene asociado el evento `on_value_range`, que especifica un rango de valores por encima y por debajo de los cuales se ejecutaría una secuencia de acciones (en este caso, una lambda).

```
on_value_range:
 - above: 6.0
   then:
    - lambda: "id(alarma) = true;"
 - below: 5.0
   then:
    - lambda: "id(alarma) = false;"
```

Los límites del rango son definidos con las variables de configuración `above` y `below`. Si no se incluyera alguna de ellas, este quedaría abierto en el extremo correspondiente.

Por lo tanto, el código anterior asignaría el valor `true` a la variable global `alarma` cuando la temperatura fuera superior a 6 °C, y el valor `false` si cayera por debajo de 5 °C. Como pronto descubrirá, el valor de dicha variable será la que se utilice para activar o desactivar la alarma sonora. Se define de esta forma:

```
globals:
 - id: alarma
   type: bool
   initial_value: 'false'
```

Por último, se especifica un nuevo componente (`interval`) que permite la ejecución periódica de una secuencia de acciones. Se caracteriza por las siguientes variables de configuración obligatorias:

- **interval**. Periodo de tiempo a partir del cual se ejecutaría la secuencia de acciones.
- **then**. Secuencia de acciones.

En este ejercicio, el componente `interval` especifica un periodo de tiempo de un segundo, después del que se ejecutaría la acción `play` del buzzer (componente `rtttl`) si la alarma estuviera activa, es decir, si el valor de la variable global alarma fuera true (es el que devuelve la lambda utilizada como condición).

```
interval:
  - interval: 1s
    then:
      - if:
          condition:
            lambda: "return id(alarma);"
          then:
            - rtttl.play: 'two_short:d=4,o=5,b=100:16e6,16e6'
```

El sonido reproducido serían dos beeps por segundo.

Para probar el sistema, la temperatura se obtendrá cada cinco segundos (variable `update_interval`). Además, y de forma provisional, se asignará un grado por encima de la temperatura actual a la variable `below` y dos grados más a la variable `above`. Así, al coger o soltar el sensor con la mano podrá hacer que su temperatura se mueva con facilidad por encima o por debajo del rango establecido, lo que facilita la verificación del correcto funcionamiento del sistema.

Por ejemplo, si la temperatura en el momento de hacer las pruebas fuera de 22 °C, asigne el valor 23 a la variable `below` y 24 a la variable `above`.

Abra la interfaz web para conocer en todo momento la temperatura medida por el sensor. Inicialmente, el buzzer debe permanecer en silencio. Coja el sensor con los dedos para que la temperatura suba al menos dos grados, momento en el que el buzzer empezará a sonar. Suelte el sensor. En cuanto su temperatura caiga un grado la alarma dejará de sonar.

Una vez realizadas las pruebas, elimine o cambie el valor de `update_interval` (por defecto es de 60 segundos) y asigne los valores definitivos a `below` y `above`.

8.4.3 Efectos luminosos con leds RGB

Cuando un led es representado como un componente del dominio `light`, se obtienen ventajas que no tendría si perteneciera a los dominios `output` o `switch`. Uno de ellos es la capacidad de generar efectos luminosos haciendo uso de la variable de configuración `effects`. Existe una gran variedad ya predefinidos (estroboscópico, parpadeo, centelleo aleatorio, arcoíris, fuegos artificiales, etc.), aunque también tiene la posibilidad de crear los suyos propios. Muchos se pueden aplicar a leds individuales, pero los más impactantes se producen cuando se utilizan tiras de led. Todos ellos disponen de opciones de configuración con las que podrá adaptarlos a su gusto, si bien los valores por defecto funcionan correctamente.

> La lista completa de efectos luminosos que se pueden conseguir con este componente se encuentra en https://esphome.io/components/light/index.html#light-effects.

Con el fin de probar algunos de estos efectos, se usará un led RGB como el de la siguiente imagen:

A diferencia de un led convencional, tiene cuatro pines. Tres corresponden a los ánodos (o cátodos) de los leds rojo, verde y azul que tiene integrados bajo el mismo encapsulado. El cuarto (el más largo) es común a todos ellos, ya que está conectado internamente a sus cátodos (o ánodos). El empleado en este caso es de cátodo común, por lo que tendrá que conectarse al polo negativo.

El terminal de cada uno de los leds deberá ser controlado por un pin PWM que establezca su nivel de luminosidad entre 0 y 255. La combinación del brillo de los tres leds determinará el color producido.

Estos serían algunos ejemplos de colores obtenidos a partir de sus componentes RGB:

- Blanco: (255, 255, 255)
- Negro: (0, 0, 0)
- Rojo: (255, 0, 0)
- Verde: (0, 255, 0)
- Azul: (0, 0, 255)
- Amarillo: (255, 255, 0)

> ℹ️ A los colores rojo, verde y azul se les considera primarios porque todos los demás son combinaciones de ellos.

El circuito que tendrá que montar consta de un led RGB conectado a los pines GPIO13 (rojo), GPIO12 (verde), GPIO14 (azul) y GND (cátodo común) mediante una resistencia de protección de 220 Ω.

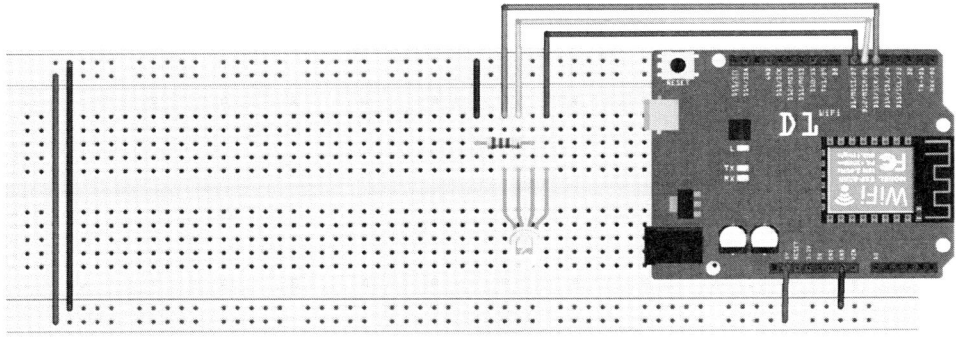

fritzing

Hecho esto, cree el nodo "led-rgb" en la consola web de ESPHome y añada las siguientes líneas de código en su archivo de configuración:

```
web_server:

light:
  - platform: rgb
    name: "Led RGB"
    red: led_rojo
```

```
      green: led_verde
      blue: led_azul
      effects:
        - pulse:
            name: "Pulsos"
        - random:
            name: "Color aleatorio"

  output:
    - platform: esp8266_pwm
      id: led_rojo
      pin: 13
    - platform: esp8266_pwm
      id: led_verde
      pin: 12
    - platform: esp8266_pwm
      id: led_azul
      pin: 14
```

El componente `web_server` es imprescindible, ya que el led se controlará desde el navegador.

Los tres componentes del dominio `output` especifican los GPIO (`pin`) a los que están conectados cada uno de los terminales del led RGB, que se configuran en modo PWM (el valor de la variable `platform` es `esp8266_pwm`). Por último, la variable `id` identifica su color.

El led RGB se modela como un componente del dominio `light` en el que la variable de configuración `platform` toma el valor `rgb`. Este tipo de componentes, como el de cualquier otro dominio, tiene su propio grupo de variables de configuración. Las obligatorias son las siguientes:

- `name`. Nombre con el que aparecerá en la página web del dispositivo.
- `red`. Identificador del componente output asociado al led rojo.
- `green`. Identificador del componente output asociado al led verde.
- `blue`. Identificador del componente output asociado al led azul.

Entre las opcionales están:

- `effects`. Lista de efectos que pueden llegar a reproducirse.
- `id`. Identificador del led.
- Cualquier otra opción del componente `light`.

El aspecto más crítico de este componente es que el valor de las variables red, green y blue coincida con el identificador de los componentes output asociados.

```
red: led_rojo
green: led_verde
blue: led_azul
```

En este ejercicio se han elegido dos efectos (pulse y random). Aunque por simplicidad se utilizan los valores por defecto de sus opciones de configuración, le animo a conocer cuáles son y a experimentar con ellas.

```
effects:
  - pulse:
      name: "Pulsos"
  - random:
      name: "Color aleatorio"
```

 Observe que el nombre de los efectos se sangra cuatro espacios (no dos).

Guarde los cambios, genere el firmware y cárguelo en el dispositivo. Una vez reiniciado, acceda a él desde un navegador. Su aspecto será similar al siguiente:

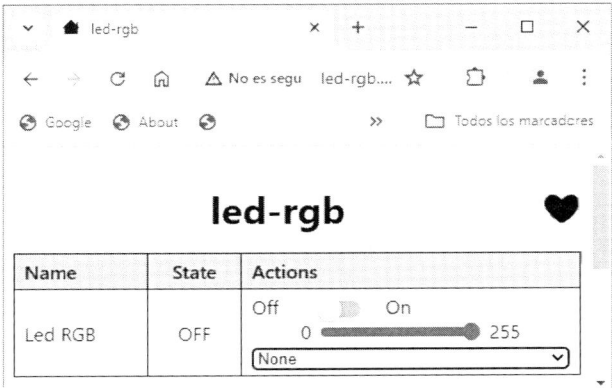

Como puede observar, el led RGB dispone de un interruptor que permite encenderlo y apagarlo, una barra de deslizamiento con la que se puede modificar el brillo y un menú desplegable con la lista de efectos disponibles. Enciéndalo. El led debe brillar en un color blanco intenso. Luego, mueva el cursor de la barra de deslizamiento y compruebe que la intensidad de la luz cambia al valor indicado.

Por último, seleccione cualquiera de las opciones del menú desplegable y disfrute del efecto producido en cada uno de ellos.

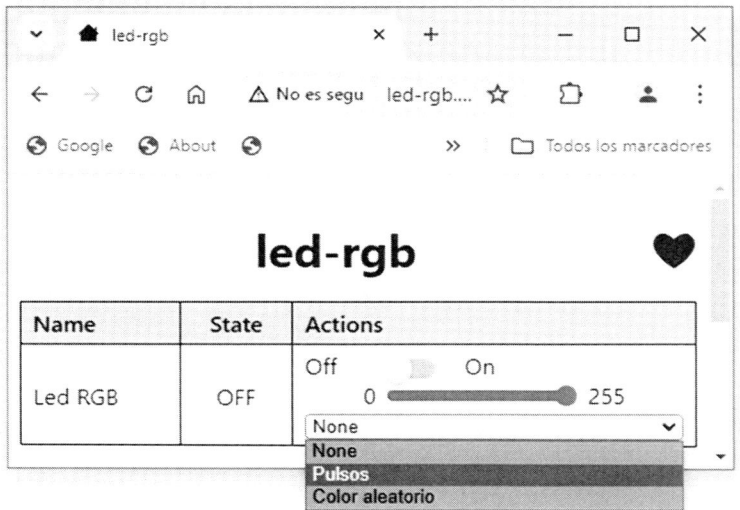

8.4.4 Led de estado

Hay pocos sistemas que prescindan de un led que informe visualmente de su estado. Este puede ser particular y específico de la función que desempeñan (por ejemplo, se ha encendido la calefacción porque la temperatura ha bajado del valor establecido por el usuario) o de carácter general (por ejemplo, no se puede conectar a la red wifi). En el primer caso, las automatizaciones son las que determinan el encendido o apagado del led. Para el segundo, ESPHome ofrece un componente especial:

```
status_led
```

Dicho componente tiene una variable de configuración obligatoria (`pin`), que almacena el GPIO al que está conectado el led. Opcionalmente, podría tener un identificador (`id`), que sería el utilizado en las automatizaciones.

Su comportamiento determina el estado del sistema:

- El led permanece apagado. Funcionamiento correcto.

- El led parpadea lentamente (aproximadamente una vez por segundo). Aunque el sistema funciona, no lo hace como debería (por ejemplo, de vez en cuando no se puede obtener el valor de un sensor o se producen desconexiones esporádicas con la red wifi).

- El led parpadea rápidamente (varias veces por segundo). El sistema no funciona en absoluto.

Con el fin de demostrar su funcionamiento, monte un circuito compuesto únicamente por un led conectado al GPIO13.

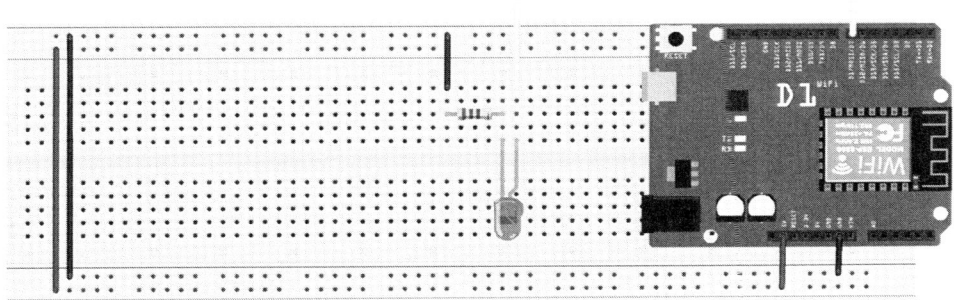

fritzing

Luego, acceda al panel web, cree el nodo "status-led" y añada las siguientes líneas de código a su archivo de configuración:

```
status_led:
  pin: 13
```

> ℹ️ No se olvide de eliminar el componente `api`. De lo contrario, el dispositivo intentaría conectarse al controlador domótico Home Assistant y, al no poder hacerlo, el led estaría parpadeando permanentemente por este motivo.

Guarde los cambios, genere el firmware y cárguelo en el dispositivo. A continuación, aliméntelo con baterías. Comprobará que el led parpadea lentamente hasta que se realiza la conexión a la red wifi, momento en el que se apaga. Salga de casa y aléjese lo suficiente para perder cobertura. En ese momento el led volverá a parpadear lentamente.

> Si su dispositivo solo dispusiera de un led y quisiera que este informara tanto del estado relacionado con su comportamiento particular (por ejemplo, se ha detectado una fuga de agua) como de otros de carácter general (el de este ejercicio es un ejemplo), deberá utilizar un componente del dominio light cuya variable platform tendrá necesariamente el valor status_led.
>
> ```
> light:
>   - platform: status_led
> ```
>
> Para más información, consulte la página
> https://esphome.io/components/light/status_led.html.

Unidad 9
PANTALLAS

Aunque la información de estado o la ofrecida por cualquiera de los sensores conectados a un dispositivo puede consultarse en su interfaz web, hay ocasiones en las que resulta más cómodo ver reflejados los datos en una pantalla integrada en el propio dispositivo. Por ese motivo ESPHome les ofrece soporte a muchas de ellas, las cuales se clasifican en tres grandes grupos:

- Pantallas basadas en texto, como los displays de siete segmentos o las pantallas LCD.

- Pantallas gráficas que tienen sus propios procesadores de renderizado, como la Nextion TFT LCD Display.

- Pantallas binarias gráficas que pueden activar/desactivar cualquier píxel de forma independiente, ya sean de tinta electrónica *(e-paper)*, OLED o TFT.

 Todas las pantallas compatibles con ESPHome las encontrará en https://esphome.io/components/display/.

De todas ellas, la elegida en esta obra es la 1602, una de las más comunes y asequibles. Se trata de un display LCD en el que se pueden llegar a visualizar dos líneas de 16 caracteres. Se le ha incorporado por detrás un controlador I2C que simplifica el conexionado con el ESP8266 mediante solo cuatro pines: los de alimentación (VCC y GND) y los específicos del protocolo I2C (SCL y SDK). De este modo, se evita el manejo de los 16 pines de la propia pantalla.

En la siguiente imagen se observa el aspecto de dicha pantalla con el controlador I2C en la parte trasera:

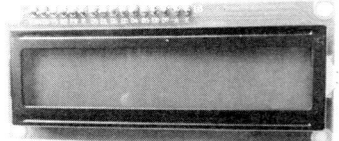 

Esta otra imagen muestra cómo se conecta a un WEMOS D1.

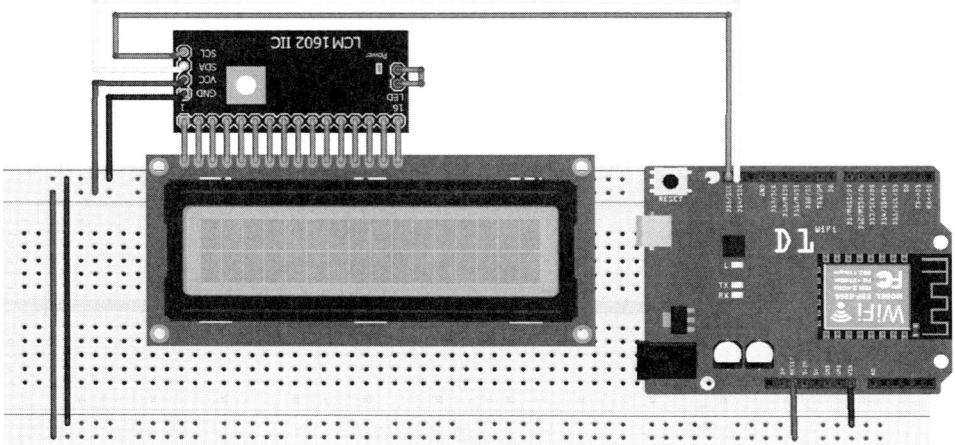

> ⓘ ESPHome también permite utilizar la pantalla LCD sin el controlador I2C. Tiene toda la información en
> https://esphome.io/components/display/lcd_display.

En ESPHome, las pantallas son representadas como componentes del dominio `display` en los que la variable de configuración `platform` establece el tipo de pantalla. En el caso que nos ocupa su valor es `lcd_pcf8574` porque el chip del controlador I2C utilizado es el PCF8574 (el usado habitualmente).

La otra variable de configuración obligatoria del dominio `display` es `dimensions`, que establece el tamaño de la pantalla con el formato *ancho×alto*.

La que aprenderá a manejar en esta obra es de tipo textual, por lo que su valor determina el número de caracteres y líneas que tiene, en concreto, `16x2` (2 líneas de 16 caracteres).

El resto de variables son opcionales, entre las que destacan:

- `address`. Dirección I2C de la pantalla. Su valor por defecto es 0x3F, aunque la del chip PCF8574 que se ha incorporado detrás del display suele ser 0x27 (en realidad, podría variar entre 0x20 y 0x27, por lo que si no le funcionara la indicada tendría que consultar la documentación del suyo).

- `lambda`. Código encargado de mostrar el contenido en la pantalla.

Como acaba de descubrir, la comunicación entre el display y el ESP8266 se hace mediante I2C (acrónimo de *Inter-Integrated Circuit*). Se trata de un bus serie de datos desarrollado por Phillips Semiconductors en 1982 para comunicar los chips con los que fabricaba sus televisores. Sin embargo, su uso fue expandiéndose poco a poco entre otros fabricantes hasta convertirse en el estándar que es hoy en día.

Quizás, el hecho de que I2C sea definido como un bus serie no le diga nada porque no sepa lo que es un bus o una comunicación serie. A continuación se describen ambos conceptos.

Un bus no es más que una línea física de comunicación formada por un conjunto de cables, en este caso dos:

- **SDA (*Serial Data*)**. Es por el que viajan los datos.

- **SCL (*Serial Clock*)**. Transmite la señal de reloj que sincroniza el emisor y el receptor (imprescindible para interpretar la secuencia de bits que componen los mensajes de datos).

Como los datos viajan por un único cable bit a bit de forma secuencial (uno detrás del otro, al ritmo marcado por la señal de reloj), se dice que el bus I2C es de tipo serie.

Una de las grandes ventajas del bus I2C es que con solo con dos cables (SDA y SCL) se pueden llegar a comunicar más de dos dispositivos de forma independiente sin interferirse entre sí. Como todos están conectados a los mismos cables, disponen de una dirección I2C que los identifica como destinatarios de los datos que vayan dirigidos a ellos (por poner un símil, es como una dirección postal a la que se envían las cartas). Esa es precisamente la que tendrá que asignar a la variable de configuración `address` del componente `display`.

Para habilitar la comunicación I2C con el display (o cualquier otro dispositivo conectado a este bus), será necesario configurar los pines del dispositivo que se vayan utilizar como SDA y SCL. Eso es lo que hace el componente `i2c`. Como cualquier otro componente, dispone de diversas variables de configuración (todas ellas opcionales), entre las que destacan:

- `sda`. Pin por el que viajan los datos (el predeterminado en los dispositivos basados en el SoC 8266 es el GPIO4).

- `scl`. Pin que transmite la señal de reloj (el predeterminado en los dispositivos basados en el SoC 8266 es el GPIO5).

9.1 EL MOTOR DE RENDERIZADO Y VISUALIZACIÓN

El componente proporcionado por ESPHome para el manejo de las pantallas dispone de un motor de visualización y renderizado lo suficientemente potente como para escribir texto con cualquier fuente, realizar dibujos sencillos o incluso mostrar imágenes.

Esta funcionalidad gráfica es ofrecida a través de un API (*Application Programming Interface*, interfaz de programación de aplicaciones), de la que únicamente se estudiarán los comandos que permiten mostrar un texto en pantalla:

```
it.print(columna, fila, texto)
it.printf(columna, fila, cadena de formato, valor, …)
```

En ambos comandos, los dos primeros argumentos (`columna` y `fila`) son opcionales. Si no se incluyeran, su valor por defecto sería 0, es decir, se empezaría a escribir en la primera fila y/o en la primera columna.

Para entender la extraña sintaxis de estos comandos, debe saber que en realidad se trata de métodos de un objeto C++. Aunque no se va a entrar en conceptos de programación, debe saber que en C++ todo puede ser modelado como un objeto, que es una estructura de datos compuesta por un conjunto de propiedades y de métodos.

Las propiedades son rasgos distintivos con los que se describe el objeto o su estado en un momento determinado. Por ejemplo, las propiedades de un coche serían su color o su matrícula, ya que permiten caracterizarlo. Pero también lo sería la velocidad a la que se mueve porque indica el estado en el que se encuentra.

Los métodos son las acciones que podría llegar a ejecutar. En caso del coche serían las de parar, arrancar, acelerar, frenar, etc.

La expresión con la que se obtendría el valor de la propiedad de un objeto es:

```
objeto.propiedad
```

Por ejemplo, la forma de saber la velocidad a la circula mi coche (identificado como mi_coche) sería:

```
mi_coche.velocidad
```

Del mismo modo, la expresión que invoca el método de un objeto es:

```
objeto.método
```

En consecuencia, para arrancar mi coche tendría que llamar al método:

```
mi_coche.arrancar()
```

Observe que después del nombre de la acción de arrancar hay unos paréntesis dentro de los que se incluiría la información necesaria (argumentos) para ejecutar la acción.

En conclusión, los comandos descritos al principio de esta sección son en realidad los métodos `print()` y `printf()` del objeto `it`, que representa la pantalla en el contexto del API al que pertenece (donde es definido).

> ℹ️ En realidad, `it` no es el nombre específico que el API de ESPHome asigna a un display, sino una palabra clave de C++ que hace referencia al contexto del componente en el que se está utilizando el código lambda (en este caso, el objeto que representa el display).

Si bien el método `print()` solo requiere un texto y, opcionalmente, la fila y la columna donde quiere empezar a escribirlo, en el método `printf()` es necesario especificar cómo hacerlo mediante una cadena de formato. Se trata de una plantilla formada tanto por contenido estático como dinámico. Este último es representado por un conjunto de marcas que tendrán que remplazarse por los valores contenidos en los últimos argumentos del método `printf()`.

La sintaxis de una marca es la siguiente:

```
%[modificadores]tipo
```

Como puede apreciar, una marca empieza por el carácter % y terminan por el tipo del valor que se va a insertar. De forma opcional (es lo que expresan los corchetes), también puede haber una serie de modificadores.

Las marcas más sencillas (las que no tienen modificadores) serían:

- %d o %i. Se sustituye por un número entero con signo *(integer)*.
- %f. Se sustituye por un número con decimales (de coma flotante o *float*).
- %c. Se sustituye por un carácter.
- %s. Se sustituye por una cadena de caracteres *(string)*.

Existe una gran variedad de modificadores, por lo que solo se describirán los que se vayan a utilizar. A modo de ejemplo, uno muy habitual cuando se trabaja con sensores es aquel que establece la precisión de un número decimal *(float)*:

```
%.precisióntipo
```

Se expresa como un punto seguido del número de decimales que aparecerían en la pantalla. Así, por ejemplo, el siguiente comando mostraría solo dos de los cuatro decimales del número pi:

```
it.printf("El número pi con dos decimales es: %.2f",3.1416)
```

En consecuencia, en el display se vería el número 3.14 (en lugar de 3.1416).

> Si quiere conocer todos los modificadores existentes, solo tiene que hacer una búsqueda en Google haciendo referencia al comando `printf` de C++.

Después de esta maratón de conceptos teóricos puede que no termine de ver claro cómo se usan estos comandos. No se preocupe, ya que los siguientes ejemplos prácticos están pensados para aclarar todas sus dudas.

9.2 PRÁCTICAS

Con el fin de aplicar los conocimientos que acaba de adquirir sobre las pantallas, realizará un primer ejercicio en el que se empleará el método `print()` para mostrar el texto "Hola Mundo" en un display.

Como la información no suele ser estática, sino que cambia con el tiempo, en el segundo ejercicio recurrirá al método `printf()` para mostrar la temperatura y humedad ambiente en un display.

El resultado del último ejercicio será un termostato con el que podrá establecer la temperatura de su casa (o una habitación). Tanto la temperatura actual como la programada quedarán reflejadas en la pantalla del propio dispositivo.

9.2.1 Presentación de contenido estático

Tal como se acaba de indicar, el objetivo de este primer ejercicio será mostrar en pantalla el texto "Hola Mundo". Eso supondrá utilizar el comando `print()` y configurar las comunicaciones I2C con la pantalla.

El circuito es el mismo que el descrito al principio de este capítulo.

Acceda al panel web de ESPHome, cree el nodo "display" y añada los siguientes componentes a su fichero de configuración:

```
i2c:

display:
  - platform: lcd_pcf8574
    dimensions: 16x2
    address: 0x27
    lambda: |-
      it.print("Hola Mundo");
```

Esta vez no se ha incluido el componente `web_server` porque la información solo se podrá consultar en un display (no en la interfaz web del dispositivo).

El que sí aparece es el componente `i2c`, encargado de habilitar las comunicaciones I2C con el display. Al estar conectado a los pines SDA y SCL estándar del ESP8266, no ha sido necesario hacer uso de ninguna de sus variables de configuración.

El componente `display` representa la pantalla. Sus variables de configuración no requieren ninguna explicación, ya que tanto estas como sus valores han sido descritos en la sección anterior. La única que merece una mención especial es la que contiene el código lambda que muestra el texto "Hola Mundo" con el método `print()`.

```
it.print("Hola Mundo");
```

Guarde los cambios, genere el firmware y cárguelo en el dispositivo. Nada más reiniciar, verá dicho texto reflejado en la pantalla.

> **i** Todas las sentencias deben acabar con un punto y coma (';').

> **i** Este código lambda también podría escribirse de la siguiente forma:
>
> ```
> lambda: !lambda 'it.print("Hola Mundo");'
> ```
>
> Incluso, de un modo aún más reducido:
>
> ```
> lambda: 'it.print("Hola Mundo");'
> ```
>
> Advierta que el código lambda va dentro de comillas simples porque el texto "Hola Mundo" ya lleva comillas dobles. Si no lo hiciera así, provocaría un error.

9.2.2 Presentación de los datos de un sensor

El objetivo de este segundo ejercicio será mostrar la temperatura y la humedad ambiente en un display, tal como se aprecia en la siguiente imagen:

Además del display, el circuito estará formado por un sensor DHT11 conectado al GPIO13.

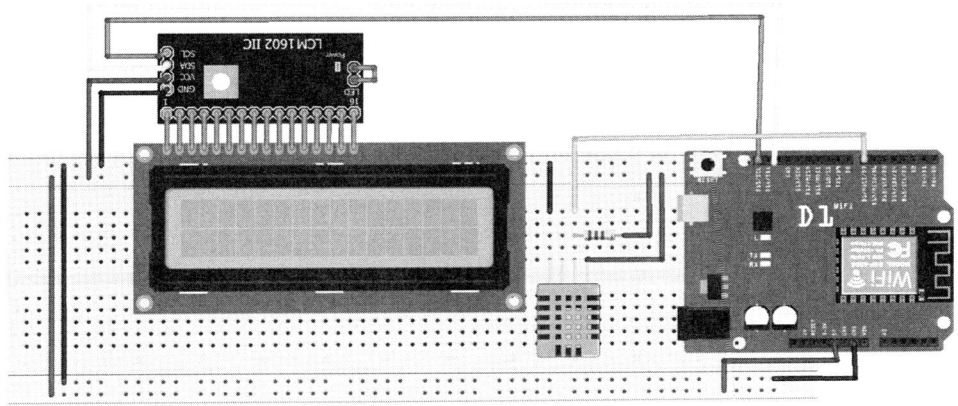

La temperatura y la humedad se mostrarán en dos líneas independientes a partir de los valores obtenidos por el sensor, seguidas de la unidad de medida (°C y %):

temperatura °C

humedad %

En esta ocasión no podrá usarse el método `print()` porque su único argumento admite solo contenido estático, en tanto que los valores devueltos por el sensor DHT11 cambian con el tiempo. En tales circunstancias, tendrá que recurrir al método `printf()`.

Empiece creando un nuevo nodo llamado "display-dht11" y añada el siguiente código a su archivo de configuración:

```
sensor:
  - platform: dht
    pin: 13
    temperature:
     name: "Temperatura del salón"
     id: temperatura
    humidity:
     name: "Humedad del salón"
     id: humedad
    update_interval: 5s
```

```
i2c:

display:
  - platform: lcd_pcf8574
    dimensions: 16x2
    address: 0x27
    lambda: |-
     printf("%.1f", id(temperatura).state);
```

Las variables del componente que representa el sensor DHT11 son las habituales, por lo que no se darán explicaciones adicionales.

El componente i2c que habilita la comunicación con el display también lo conoce.

Lo mismo sucede con las variables del dominio display, ya que son las mismas utilizadas en ejercicios anteriores. Por ese motivo, solo se analizará el código lambda desde el que se invoca el método printf() que muestra la temperatura en la pantalla.

```
it.printf("%.1f", id(temperatura).state);
```

Este ejercicio se irá desarrollando de forma gradual con el fin aclarar de forma independiente todos los conceptos que intervienen.

El primer argumento de este método es la cadena de formato, que especifica un número de coma flotante con un único decimal.

```
"%.1f"
```

El segundo es el valor por el que se sustituye, que no es otro que el de la temperatura medida por el sensor DHT11:

```
id(temperatura).state
```

En conclusión, el código lambda anterior mostrará en pantalla la temperatura actual con un dígito de precisión:

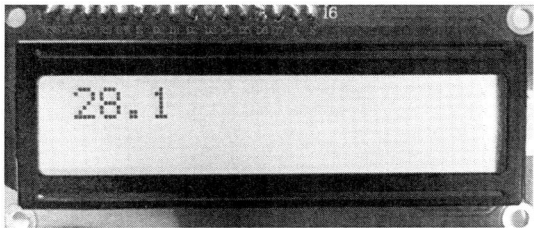

Tenga en cuenta que la lectura de los valores obtenidos con el sensor DHT11 se hace cada cinco segundos. Por ese motivo, al iniciar el dispositivo aparecerá el texto "NaN" en la pantalla (todavía no ha recogido el primero).

Sin embargo, lo que se quiere es mostrar la temperatura seguida de su unidad de medida (°C). El problema es que el carácter '°' es especial, motivo por el que para visualizarlo tendrá que utilizar su código ASCII hexadecimal de la siguiente manera:

```
it.printf("%.1f %cC", id(temperatura).state,0xDF);
```

Existen dos diferencias entre este código y el anterior. En primer lugar, a la cadena de formato se le ha añadido un espacio, una marca de tipo carácter (%c) y la letra C. En segundo lugar, esta nueva marca se sustituye por el carácter contenido en el último argumento del método printf(), que está expresado con el código ASCII hexadecimal DF (0xDF), es decir, por el símbolo del grado ('°').

Ahora el comando printf() tiene tres argumentos: la cadena de formato, el valor de la temperatura y el símbolo del grado.

ASCII (*American Standard Code for Information Interchange*, Código Estándar Americano para el Intercambio de Información) es un sistema de codificación estándar de caracteres. Una sencilla búsqueda en Internet le llevará a las tablas en las que puede encontrar el código ASCII de cualquier carácter.

Sustituya el código lambda original por este nuevo, guarde el archivo de configuración y vuelva a generar y cargar el firmware en el dispositivo. El resultado que obtendrá en esta ocasión salta a la vista:

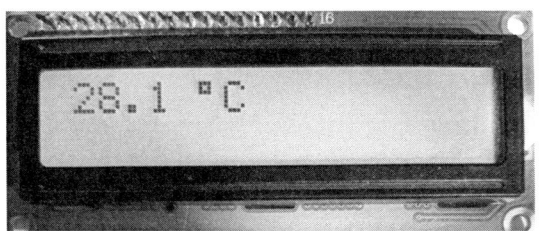

 Si no viera reflejados los cambios realizados. Desconecte el dispositivo de la alimentación y vuelva a conectarlo.

Aunque parece que el código lambda anterior muestra correctamente la temperatura, adolece de un defecto grave. Cuando la temperatura baje de un valor con dos dígitos a otro de un solo dígito, por ejemplo, de 10.0 °C a 9.9 °C, esta se vería así:

9.9 °CC

El motivo de que aparezcan dos 'C' es porque cuando se escribe un texto en un display no se borra lo que había escrito previamente, sino que se sobrescribe. En este caso, como el texto de la segunda temperatura es un carácter más corto que el de la anterior, sigue apareciendo la última 'C' de la primera (ni se ha borrado ni sustituido por ningún otro carácter).

La forma de resolver este problema es forzar que el valor de la temperatura ocupe siempre cuatro posiciones añadiendo este requisito en la marca de la cadena de formato del siguiente modo:

```
it.printf("%4.1f %cC", id(temperatura).state,0xDF);
```

Las cuatro posiciones incluyen la parte entera, el punto y la parte decimal.

Una vez resuelto el problema, volvamos de nuevo al objetivo de este ejercicio, que era mostrar la humedad debajo de la temperatura. Para conseguirlo, sustituya el código lambda anterior por el definitivo:

```
it.printf("%4.1f %cC\n%4.1f %%",id(temperatura).state,0xDF,id(humedad).state);
```

Observe que a la cadena de formato se le ha añadido un salto de línea (`\n`) y la marca que será sustituida por el valor de la humedad (`%4.1f`). Como es idéntica a la de la temperatura, no requiere explicaciones adicionales. Lo que sí necesita una aclaración es la manera de mostrar la unidad de medida, ya que el carácter del porcentaje ('%') forma parte del propio lenguaje de marcas. Para evitar ese inconveniente, se le precede del mismo carácter de escape (`%%`).

Evidentemente, al haber una nueva marca en la cadena de formato, deberá haber un nuevo argumento que contenga el valor por el que se sustituya, en concreto, el de la humedad:

```
id(humedad).state
```

> Ahora el comando `printf()` tiene cuatro argumentos: la cadena de formato, el valor de la temperatura, el símbolo del grado y el valor de la humedad.

Tras realizar este último cambio guarde el archivo de configuración, genere el firmware y cárguelo de nuevo en el dispositivo. Ahora la pantalla mostrará la temperatura y la humedad tal como se deseaba.

9.2.3 Termostato digital

En esta última práctica desarrollará un termostato digital con el que podrá ajustar la temperatura a la que quiera mantener una estancia. Tanto la temperatura programada como la actual aparecerán en un display, tal como se muestra a continuación:

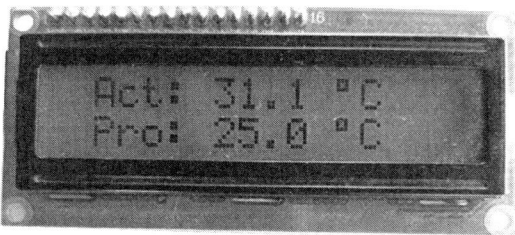

Los potenciómetros se comercializan en diversos formatos, pero el utilizado en este ejercicio será el mostrado a continuación, ya que tiene un eje al que se le puede acoplar un mando para girarlo con facilidad. Su valor óhmico es indiferente, aunque el empleado durante las pruebas es de 10 KΩ.

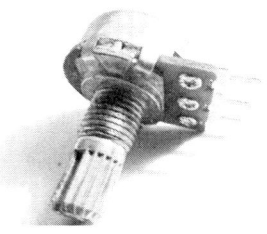

El circuito utilizado parte del montado en el ejercicio anterior (compuesto por una pantalla LCD y un sensor DHT11), al que se le añade un potenciómetro, un relé y un led.

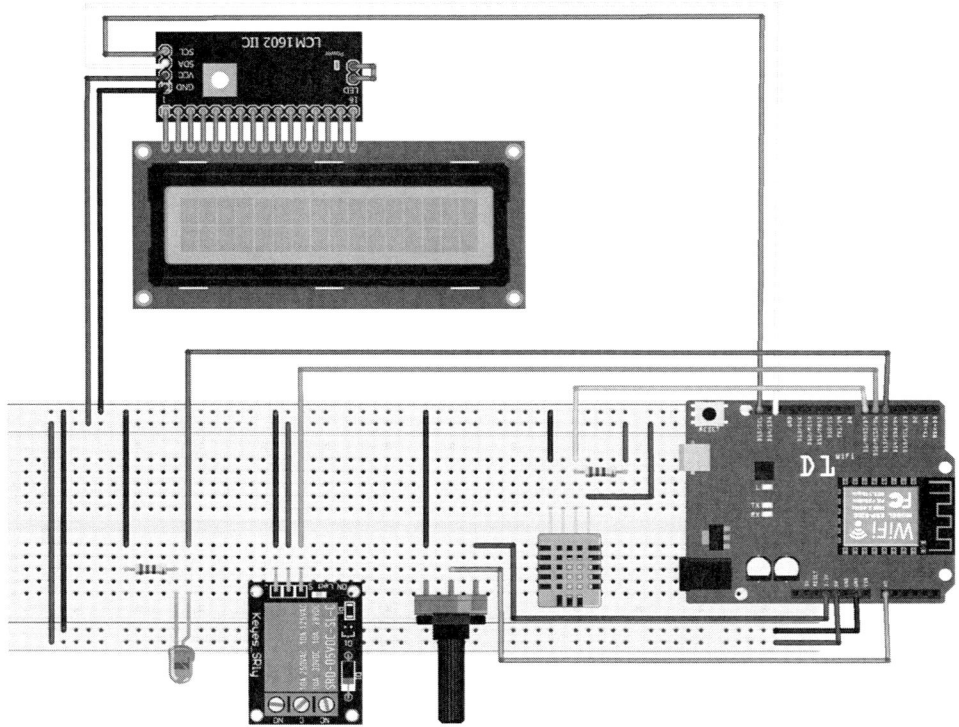

El terminal central del potenciómetro está conectado a la entrada analógica A0 y los otros dos a GND y VCC (3.3 V, no 5 V). El relé se controlará con el GPIO12. Adicionalmente, existe un led testigo conectado al GPIO14 (se encenderá cuando se active el relé).

Ahora, acceda al panel web de ESPHome, cree un nodo llamado "termostato" y añada el siguiente código YAML a su archivo de configuración:

```yaml
output:
  - platform: gpio
    id: rele_calefaccion
    pin: 12
  - platform: gpio
    id: led_testigo
    pin: 14




sensor:
  - platform: adc
    pin: A0
    name: "Potenciómetro"
    id: potenciometro
    update_interval: 1s
    filters:
      - multiply: 50
  - platform: dht
    pin: 13
    temperature:
      name: "Sensor DHT11"
      id: sensor_dht11
      on_value:
        then:
          - if:
              condition:
                lambda: |-
                  return id(sensor_dht11).state < id(potenciometro).state;
              then:
                - output.turn_on: rele_calefaccion
                - output.turn_on: led_testigo
              else:
                - output.turn_off: rele_calefaccion
                - output.turn_off: led_testigo
    update_interval: 5s

i2c:
```

```
display:
  - platform: lcd_pcf8574
    dimensions: 16x2
    address: 0x27
    lambda: |-
      it.printf("Act: %4.1f %cC\nPro: %4.1f %cC",
                id(sensor_dht11).state,0xDF,id(potenciometro).state,0xDF);
```

Se trata de un código bastante extenso (con partes que ya conoce y otras que no), por lo que se explicará componente a componente.

Los primeros pertenecen al dominio output y representan el relé y el led testigo.

```
output:
  - platform: gpio
    id: rele_calefaccion
    pin: 12
  - platform: gpio
    id: led_testigo
    pin: 14
```

El valor de la variable platform es gpio porque el nivel alto/bajo del GPIO especificado en la variable pin de cada uno de ellos será el que los controle (el GPIO12 en el caso del relé y el GPIO14 en el del led). Ambos tienen un identificador (valor de la variable id), que será el utilizado para referirse a ellos en las automatizaciones.

Los siguientes componentes representan el sensor DHT11, con el que se obtiene la temperatura actual, y el potenciómetro, con el que se establece la temperatura deseada.

```
sensor:
  - platform: adc
    pin: A0
    name: "Potenciómetro"
    id: potenciometro
    update_interval: 1s
    filters:
      - multiply: 50
  - platform: dht
    pin: 13
```

```
temperature:
  name: "Sensor DHT11"
  id: sensor_dht11
    ...
update_interval: 5s
```

 Los puntos suspensivos representan la automatización que se describirá más adelante (se ha omitido).

Aunque ambos pertenecen al dominio `sensor`, el primero es de tipo analógico y el otro digital (el valor de la variable `platform` es `adc` y `dht`, respectivamente). Además del GPIO al que están conectados (`pin`), también tienen un nombre (`name`), un identificador (`id`) y un intervalo de tiempo de actualización (`update_interval`).

 El sensor DHT11 tiene un periodo de actualización de cinco segundos porque unos tiempos menores producen con frecuencia errores de lectura.

Al potenciómetro se le ha incorporado el siguiente filtro:

```
filters:
  - multiply: 50
```

El motivo es porque originalmente devuelve un valor entre 0 y 1, pero lo que se quiere es que el termostato permita elegir una temperatura entre 0 °C y 50 °C. La solución adoptada ha sido multiplicar dicho valor por 50, que es precisamente lo que hace este filtro.

El sensor DHT11 solo dispone de la parte relacionada con la temperatura (la humedad no interesa). Además, tiene asociada una automatización que determina cuándo hay que encender o apagar la calefacción para mantener la temperatura programada.

```
on_value:
  then:
    - if:
        condition:
          lambda: |-
            return id(sensor_dht11).state < id(potenciometro).state;
```

```
then:
  - output.turn_on: rele_calefaccion
  - output.turn_on: led_testigo
else:
  - output.turn_off: rele_calefaccion
  - output.turn_off: led_testigo
```

> *i* Aunque la sangría habitual es de dos espacios, recuerde que la de la palabra clave `condition` es de cuatro. Téngalo en cuenta porque de lo contrario se producirían errores durante la generación del firmware.

Cada vez que el sensor DHT11 obtenga un nuevo valor (el disparador de la regla es el evento `on_value`) se comprueba si la temperatura actual es inferior a la programada.

```
condition:
  lambda: |-
    return id(sensor_dht11).state < id(potenciometro).state;
```

En ese caso, se ejecutaría la acción `turn_on`, que activa el relé y enciende el led testigo.

```
then
  - output.turn_on: rele_calefaccion
  - output.turn_on: led_testigo
```

En caso contrario, se desactivaría el relé y se apagaría el led testigo con la acción `turn_off`.

```
else
  - output.turn_off: rele_calefaccion
  - output.turn_off: led_testigo
```

> *i* El hecho de dar una orden de apagado a un componente que ya lo está no supone ningún problema de funcionamiento. Sin embargo, el código sería más elegante si lo hiciera una vez (solo cuando fuera necesario). Le animo a desarrollarlo utilizando variables globales.

El componente `i2c` habilita la comunicación con el display.

```
i2c:
```

El último componente representa la pantalla.

```
display:
- platform: lcd_pcf8574
  dimensions: 16x2
  address: 0x27
  lambda: |-
    it.printf("Act: %4.1f %cC\nPro: %4.1f %cC",
              id(sensor_dht11).state,0xDF,id(potenciometro).state,0xDF);
```

Ya conoce todas sus variables, por lo que solo se describirá el código lambda que muestra la temperatura actual y la programada de este modo:

Act: temperatura °C

Pro: temperatura °C

La cadena de formato utilizada en el método `printf()` es similar a la del ejercicio anterior, por lo que no le resultará difícil entenderla. En esta ocasión, sus marcas se sustituirán por los siguientes valores:

1. `id(sensor_dht11).state`. Temperatura medida por el sensor DHT11.

2. `0xDF`. Código ASCII hexadecimal del carácter especial '°'.

3. `id(potenciometro).state`. Temperatura programada.

4. `0xDF`. Código ASCII hexadecimal del carácter especial '°' (en este caso, el que aparece después de la temperatura programada).

> **i** Cuando se desarrollan archivos de configuración de una cierta complejidad (como este), antes de generar el firmware se aconseja seleccionar la opción "Validate" del nodo con el fin de comprobar que el código YAML no tenga errores sintácticos.

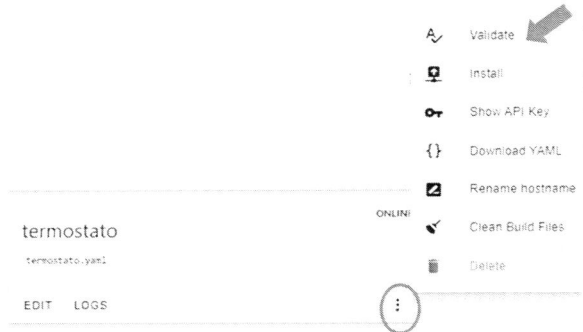

Una vez realizados los cambios, guarde el archivo y genere el firmware. Tras cargarlo en el dispositivo, gire el potenciómetro a uno y otro lado. En uno de los extremos el valor de la temperatura debe ser 0 °C y en el otro 50 °C. Cuando el valor seleccionado sea superior al de la temperatura actual, escuchará el clic que hace el relé al activarse y el led testigo se encenderá. Al girarlo en sentido contrario volverá a oír otro clic (el que hace al desactivarse) y el led se apagará.

Recuerde que la lectura del valor del potenciómetro se obtiene cada segundo. Por ese motivo siempre habrá un retraso entre el movimiento de giro y el valor mostrado por el display. Por el mismo motivo, como el valor de la temperatura se lee cada cinco segundos, puede llegar a transcurrir ese tiempo desde que se selecciona una temperatura hasta que se activa/desactiva el relé que enciende/apaga la calefacción.

> Si al girar el potenciómetro a la derecha el valor de los grados disminuye (en vez de aumentar), intercambie los terminales conectados a GND y VCC.

Unidad 10
PROTOCOLOS DE COMUNICACIÓN Y SERVICIOS EN LA NUBE

Todos los dispositivos ESPhome desarrollados hasta el momento han trabajado de forma manual o automática haciendo uso de la red wifi de su casa. Si las automatizaciones desarrolladas son suficientes para realizar aquello que espera de su sistema domótico o su manejo solo tiene sentido dentro de la propia casa, no hay ningún problema. Pero ¿qué pasaría si no fuera así? Imagine, por ejemplo, que se hubiera ido de viaje y de regreso a casa quisiera saber la temperatura a la que se encuentra y, si fuera necesario, encender la calefacción para que al llegar estuviera a la temperatura deseada. ¿O recibir una notificación de alarma en su teléfono móvil cuando alguien abriera la puerta de entrada en su ausencia? En esos casos, necesitará que sus dispositivos sean capaces de salir a Internet para utilizar los servicios en la nube que hagan aquello que desea.

Desde el momento que un dispositivo ESP8266 se conecta a una red wifi, no tiene ninguna limitación para conectarse también a Internet y acceder a cualquiera de sus múltiples servicios, ya sea mediante HTTP o MQTT. El primero lo ha estado usando desde el principio, ya que es el empleado por el navegador para acceder al servidor web del dispositivo. Si bien HTTP es el protocolo más extendido en Internet, el preferido en el ámbito IoT es MQTT debido a los escasos recursos que requiere para su funcionamiento, tanto de comunicaciones como computacionales. Esto es algo de gran importancia en dispositivos con microcontroladores sencillos, como los basados en el SoC ESP8266, que, además de ser más pequeños y baratos, consumen menos energía, algo importante cuando deben alimentarse con baterías.

En este capítulo aprenderá a utilizar dos servicios gratuitos en la nube: Pushbullet y HiveMQ. El primero enviará una notificación a su teléfono móvil cada vez que alguno de sus dispositivos le realice una petición HTTP, por ejemplo, alertando de una fuga de agua. Por su parte, HiveMQ es un bróker MQTT al que se podrán conectar dispositivos y aplicaciones domóticas, como IoT MQTT Panel, orientadas al diseño de interfaces gráficas que faciliten su control desde un teléfono móvil.

10.1 EL PROTOCOLO HTTP

Aunque seguramente no sea consciente de ello, su vida sería muy diferentes sin el protocolo HTTP. El motivo es porque lo utiliza cada vez que se conecta a un servidor web para hacer una consulta, realizar una compra o llevar a cabo un trámite burocrático, por poner solo algunos ejemplos.

El protocolo HTTP es uno de los pilares de la comunicación web, formada por tres elementos clave:

- Un cliente que solicita y recibe documentos.

- Un canal de comunicación.

- Un servidor que almacena y sirve los documentos a los clientes que se lo requieran.

> *i* Web es la abreviatura de *World Wide Web* (WWW).

El software cliente es el navegador, el canal de comunicación es Internet y el servidor es el sitio web donde se almacenan los documentos, que son generalmente páginas web escritas en HTML (*HyperText Markup Language* - lenguaje hipertexto de marcas). Este es el escenario de comunicación habitual cuando se accede al dispositivo desde un navegador.

Para solicitar una página web se debe indicar su URL (*Uniform Resource Locator*, localizador uniforme de recursos), que la identifica de forma exclusiva (en Internet no hay dos URL iguales). La utilizada para acceder a su dispositivo puede ser una dirección IP local o tener el formato:

```
http://nodo.local
```

Aunque no es objeto de esta sección describir los componentes de una URL, sí debe saber que el primero de ellos identifica el protocolo empleado en la comunicación entre el navegador y el servidor web. En el caso de la URL anterior se trata de HTTP (*HyperText Transfer Protocol*, protocolo de transferencia de hipertextos), que es el más frecuente en Internet y el que usted utilizará para invocar los servicios en la nube.

Cuando no se indica el protocolo en una URL, el navegador la completa usando HTTP.

Si bien HTTP es conocido por ser el protocolo con el que se consultan las páginas web, este se creó con un fin más genérico: permitir la comunicación entre cualquier tipo de clientes y servidores a nivel de aplicación. Eso significa que un cliente no tiene por qué ser un navegador y un servidor tampoco tiene que suministrar únicamente páginas HTML. Tanto es así que, en el ámbito IoT, los dispositivos ESP8266 adoptan el papel de clientes que invocan servicios en la nube, y los servidores devuelven el resultado de la ejecución de dichos servicios.

Las comunicaciones basadas en el protocolo HTTP están basadas en el envío y la recepción de mensajes, cuya estructura es conocida por ambas partes. Hay dos tipos de mensajes: los utilizados por los clientes para realizar las peticiones y los de respuesta devueltos por los servidores con la información solicitada. El protocolo HTTP establece el formato de ambos tipos de mensajes. Veamos cuál es el de las peticiones.

No se estudiarán los mensajes de respuesta porque su manejo requiere el análisis de los datos que transportan y, en consecuencia, nociones de programación que no se van a dar en esta obra. Por ese mismo motivo, se partirá de la premisa de que las peticiones HTTP se realizan con éxito (situación habitual) y no se requiere una gestión de errores.

Los mensajes de petición tienen la siguiente estructura:

- Línea de solicitud
- Cabeceras
- Cuerpo del mensaje

PETICIÓN

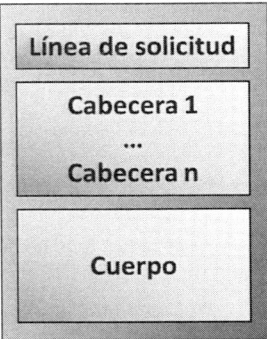

La línea de solicitud indica el tipo de petición que se quiere hacer (los más comunes son GET y POST), la ruta del servidor donde se encuentra el recurso solicitado y el protocolo utilizado (generalmente, HTTP/1.1).

El método GET se usa fundamentalmente para recoger datos del servidor (por ejemplo, una página HTML), mientras que POST sirve para la invocación de servicios.

Las cabeceras dan información del contenido que se quiere obtener o sobre el propio cliente. Se expresan con un formato que parece repetirse una y otra vez:

clave:valor

Una de las claves más comunes es Host, cuyo valor es la dirección IP o el nombre del servidor al que se realiza la petición.

Cuando la petición HTTP utiliza el método POST, los datos con los que se invocan los servicios en la nube van en el cuerpo del mensaje. Puesto que su contenido puede ser de cualquier tipo, la cabecera Content-Type identifica cuál es. En el ámbito IoT, su valor con frecuencia es application/json.

> La cabecera Content-Type toma como valor un tipo MIME *(Multipurpose Internet Mail Extensions)*, que, en realidad, está formado por un tipo y un subtipo separados por el carácter '/'. El tipo representa la categoría (por ejemplo, text, image, video, application, etc.). El subtipo es específico de cada tipo (por ejemplo, plain o html para text, jpeg o png para image, etc.).

Con HTTP la información viaja en claro y, por lo tanto, es susceptible de ser vista por cualquiera que sepa cómo escuchar el tráfico que transita por la red. Por ese motivo, cuando quiera transmitir información confidencial tendrá que cifrarla. En ese caso necesitará usar HTTPS, que emplea SSL (*Secure Sockets Layer* - capa de sockets seguros), para encriptar la comunicación.

La estructura de los mensajes HTTP es igualmente válida para HTTPS.

10.1.1 Componentes HTTP de ESPHome

Una vez conocidos los principios de funcionamiento del protocolo HTTP, seguro que ya habrá intuido la existencia de un componente que habilita este tipo de comunicaciones. Se trata de:

```
http_request
```

A pesar de su nombre, permite realizar tanto peticiones HTTP como HTTPS. En este último caso, la memoria flash del dispositivo ESP8266 deberá ser mayor de 512 kB.

Todas las variables de configuración de este componente son opcionales, por lo que no se requiere el uso de ninguna.

Entre las acciones de este componente se encuentran las que facilitan el envío peticiones de tipo GET (get) y POST (post), así como un disparador que avisaría de la llegada de los mensajes de respuesta correspondientes (on_response).

Las peticiones GET son a su vez objetos YAML (componentes lógicos) con los siguientes atributos (variables de configuración):

- url. Es el único obligatorio, ya que contiene la URL a la que se envía la petición HTTP.

- headers. Cabeceras de la petición. Cada una de ellas se especifica como un par *clave:valor*.

- verify_ssl. Verifica el certificado del dispositivo. Dado que actualmente ESPHome no puede manejar certificados SSL, asigne el valor false a esta variable cuando realice peticiones HTTPS.

Las peticiones POST son también objetos YAML. En ese caso, además de las variables anteriores, dispone de estas otras (todas opcionales):

- `body`. Cadena de caracteres que viaja en el cuerpo de la petición.
- `json`. Se utiliza en vez de la variable anterior cuando el cuerpo de la petición está en formato JSON (se describirá más adelante).

No se preocupe si ahora todos estos conceptos le resultan algo confusos. En las prácticas que haga a continuación descubrirá lo fácil que resulta trabajar con ellos.

Antes, aprenderá a usar un servicio capaz de enviar notificaciones a teléfonos móviles. Solo tendrá que realizarle una petición HTTP de tipo POST desde cualquier dispositivo ESP8266 conectado a Internet con el título y el contenido deseado.

10.2 EL SERVICIO DE NOTIFICACIONES PUSHBULLET

Pushbullet es un servicio orientado al intercambio de información entre ordenadores, tabletas y teléfonos móviles (actualmente con Windows, macOS, Android e iOS), ya sean archivos, imágenes, enlaces, texto e, incluso, notificaciones. Esta última función será precisamente la empleada para comunicar alertas desde un dispositivo ESP8266 (WEMOS o ESP-01).

Las posibilidades que abren las notificaciones son muy interesantes, ya que hoy en día todos llevamos casi permanentemente un teléfono móvil con nosotros. La capacidad de poder advertir de forma instantánea un hecho relevante (como, por ejemplo, la detección de una fuga de agua) multiplica la utilidad de las aplicaciones IoT basadas en el SoC ESP8266.

En las siguientes secciones conocerá este servicio y, en especial, la forma de integrarlo mediante HTTP con dispositivos ESP8266.

10.2.1 Alta y configuración del servicio

Pushbullet se ofrece en dos modalidades: una gratuita y otra por suscripción. En https://www.pushbullet.com/pro puede ver una comparativa entre las prestaciones ofrecidas por cada una de ellas. Como seguramente quiera empezar usando la gratuita, le interesará saber que autoriza el envío de hasta de 500 notificaciones/mes.

Para acceder al servicio, lo único que tiene que hacer es ir a la página https://www.pushbullet.com/ y pulsar en el botón "Sign In".

De forma opcional, también es posible instalarlo en su ordenador o como una extensión del navegador. En ese caso, deberá acceder a https://www.pushbullet.com/apps.

Se le ofrece la posibilidad de darse de alta utilizando una cuenta de Google o de Facebook. Elija la de Google.

Sign in to Pushbullet

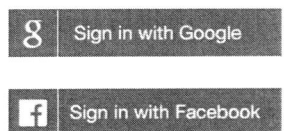

La pantalla principal muestra el grado de avance realizado en el proceso de configuración de los dispositivos con los que vaya a intercambiar información (de momento, ninguno).

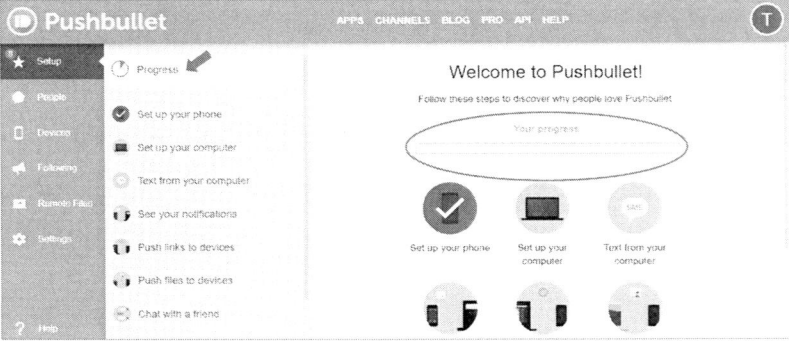

En realidad, no tendrá que realizar ninguna configuración, ya que la correspondiente al móvil se realizará automáticamente durante la instalación de la aplicación en el propio teléfono. Por lo tanto, salga de su cuenta seleccionando la opción "Sign Out" del menú desplegable que exhibe su letra inicial (mostraría su imagen de perfil, si la tuviera), situado en la esquina superior derecha.

Ahora vaya a la Play Store en su teléfono móvil e instale la aplicación "Pushbullet".

Esta aplicación también existe para teléfonos iOS.

Una vez instalada, ábrala. Le aparecerá una pantalla de bienvenida en la que, al igual que en su ordenador, se le invitará a acceder al servicio con su cuenta de Google. Use la misma utilizada anteriormente.

Después del proceso de configuración inicial le aparecerá una última ventana informativa que le animará a visitar la web del servicio desde su ordenador y a instalar la aplicación en él. No es necesario hacerlo a no ser que quiera usar todo el potencial que ofrece este servicio. Así pues, pulse el botón "HECHO".

Ya está en condiciones de recibir las notificaciones que, en breve, aprenderá a enviar desde sus dispositivos ESP8266.

Vuelva de nuevo al ordenador y acceda al servicio pulsando el botón "Sign In" en https://www.pushbullet.com/. Comprobará que la barra de progreso muestra el avance que confirma la configuración del teléfono.

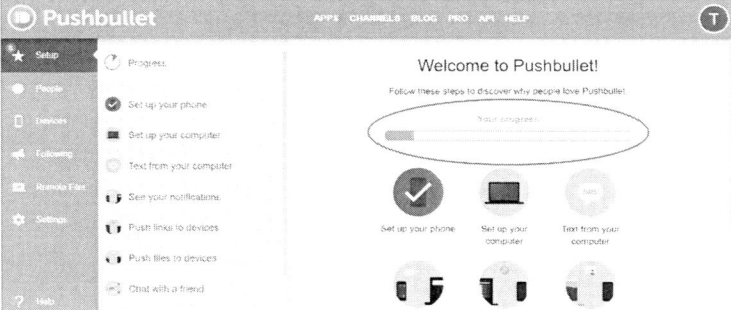

Además, este se habrá añadido a la lista de dispositivos con los que podrá interactuar. Para comprobarlo, pulse en la pestaña "Devices" situada a la izquierda.

Las prácticas desarrolladas a lo largo de este capítulo no requieren ningún tipo de configuración adicional, ya que únicamente harán uso del servicio a través del API HTTP que se describe a continuación.

10.2.2 El API HTTP

El servicio Pushbullet ofrece un API HTTP, una de cuyas funciones permite el envío de notificaciones a teléfonos móviles. Su uso requiere un token de acceso que se obtiene seleccionando la opción "MyAccount" del menú desplegable que aparece al hacer clic sobre la letra inicial de su cuenta (o la imagen de perfil, si la tuviera), situado en la esquina superior derecha.

> ℹ Aunque el API HTTP es una interfaz de programación, usted la manejará mediante las variables de configuración del componente http_request.

En el panel principal verá toda la información relacionada con su cuenta organizada por secciones, una de la cuales es "Access Tokens", donde tendrá que pulsar el botón "Create Access Token" para generar el suyo.

Cópielo, ya que será el que tengan que usar los dispositivos ESP8266 que realicen las peticiones HTTP a este servicio cada vez que quieran enviar una notificación.

En realidad, se trata de peticiones HTTPS, ya que en una de sus cabeceras viaja dicho token (tiene que ir cifrado para ocultarlo a miradas indiscretas).

Las peticiones serán de tipo POST y se enviarán a la URL https://api.pushbullet.com/v2/pushes. Cada una de ellas deberá incluir las siguientes cabeceras:

- `Content-Type:` `application/json`
- `Access-Token:` *token de su cuenta Pushbullet*

Además, el cuerpo del mensaje contendrá este objeto JSON

```
{
  "type": "note",
  "title": Título de la notificación,
  "body": Mensaje de la notificación
}
```

Pero ¿qué es JSON? Su acrónimo (*JavaScript Object Notation*, notación de objetos de JavaScript) deja claro el lenguaje de programación del que procede. Se utiliza generalmente para el intercambio de información entre clientes y servidores en aplicaciones web. Por eso, la creciente popularidad de los servicios web ha hecho que JSON se haya convertido en uno de los formatos de intercambio de datos más utilizados en Internet. Su enorme expansión ha sido aún mayor en el ámbito de IoT debido a su ligereza y su gran simplicidad.

JSON es muy similar a YAML, puesto que su estructura de datos básica es el par *clave:valor*. Se diferencian principalmente en la sintaxis empleada, ya que la de un objeto JSON es la siguiente:

```
{
  clave:valor,
  …
  clave:valor
}
```

Al igual que en YAML, las claves son características (propiedades) del objeto, cuyos valores pueden ser números, cadenas de caracteres, booleanos e, incluso, listas u otros objetos.

Tras esta brevísima explicación de JSON, volvamos de nuevo al objeto que viajaría en el cuerpo del mensaje HTTP con el que un dispositivo ESP8266 solicitaría a Pushbullet el envío de una notificación.

La primera clave (`type`) especifica el tipo de información, que Pushbullet clasifica en notificaciones, enlaces o ficheros. Como lo que se van a enviar son notificaciones, el valor de dicha clave será siempre `note`.

Las otras dos claves (`title` y `body`) contienen el título y el texto del mensaje que se verá en el teléfono móvil.

Aunque ya dispone del conocimiento teórico suficiente para que un dispositivo envíe una notificación a su teléfono móvil, seguramente tenga dudas sobre cómo ponerla en práctica. En la siguiente sección aprenderá cómo hacerlo.

10.2.3 Prácticas

Aunque el número y tipo de sistemas basados en el uso de notificaciones es enorme, se ha optado por los orientados al ámbito de la seguridad, uno en los que más valor pueden llegar a aportar.

En este contexto, el primer sistema enviará una notificación a su teléfono móvil cada vez que un sensor PIR detecte movimiento en alguna de las estancias de la casa. En la segunda modificará el circuito anterior para que otro dispositivo haga lo mismo cuando se abra una puerta o una ventana.

Tras completar la última práctica, dispondrá de un sistema capaz de avisarle cuando se produzca una fuga de agua.

10.2.3.1 *Alarma por movimiento*

Tal como se acaba de comentar, el objetivo de este primer ejercicio será la creación de un sistema que le permita saber si alguien ha entrado en su casa.

El circuito solo consta de un sensor PIR conectado al GPIO13.

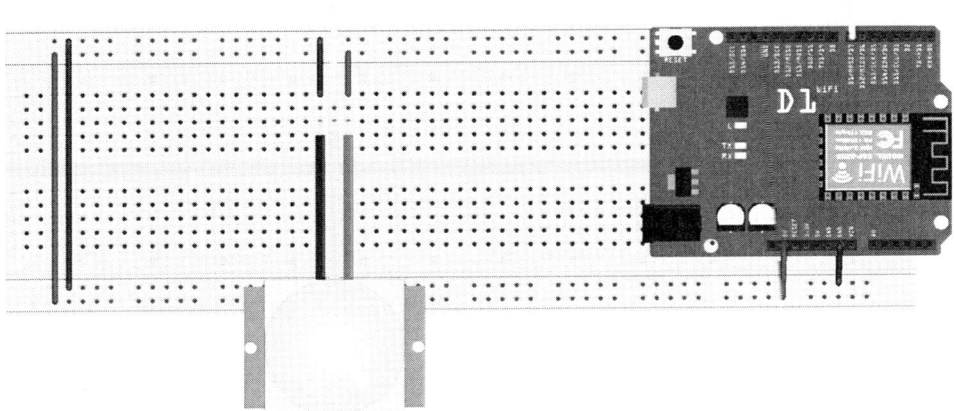

fritzing

Una vez montado el circuito, acceda al panel web de ESPHome y cree el nodo "pir-pushbullet". Luego abra el archivo de configuración y añada los siguientes componentes:

```
http_request:

binary_sensor:
 - platform: gpio
   name: "Sensor PIR"
   pin: 13
   on_press:
    then:
     - http_request.post:
        url: https://api.pushbullet.com/v2/pushes
        headers:
         Content-Type: application/json
         Access-Token: *************
        json:
         type: note
         title: "Alarma"
         body: "Alguien ha entrado en casa"
        verify_ssl: false
```

El componente `http_request` habilitará el envío de peticiones HTTP/HTTPS.

El segundo componente representa el sensor PIR conectado al GPIO13.

```
binary_sensor:
 - platform: gpio
   name: "Sensor PIR"
   pin: 13
```

> **i** ESPHome obliga a dar un nombre (`name`) o un identificador (`id`) a un componente. Ese es el motivo de que el PIR (`binary_sensor`) disponga de uno, aunque no se utilice.

Es el que tiene asociada la automatización que enviará al servicio Pushbullet la petición HTTP cuando que se detecte cualquier movimiento. A tal efecto, ejecutará la acción `http_request.post` cada vez que se genere el evento `on_press`.

```
on_press:
  then:
  - http_request.post:
      url: https://api.pushbullet.com/v2/pushes
      headers:
       Content-Type: application/json
       Access-Token: *************
      json:
       type: note
       title: "Alarma"
       body: "Alguien ha entrado en casa"
      verify_ssl: false
```

Como sabe, un mensaje de petición HTTP/S se compone de una línea de petición en la que se especifica la URL del servidor, varias cabeceras y un cuerpo en el que viaja la información requerida para la ejecución del servicio. En ESPHome todos estos elementos son representados mediante las variables `url`, `headers` y `json` del objeto `http_request`. Veamos el valor asignado a cada una de ellas.

La variable `url` contiene la URL del servicio Pusbullet (<https://api.pushbullet.com/v2/pushes>):

url: https://api.pushbullet.com/v2/pushes

> Observe que la sangría de esta línea (junto con la de `headers`, `json` y `verify_ssl` es de cuatro caracteres, no de dos).

La variable `headers` está formada por dos cabeceras (pares *clave:valor*) que especifican el tipo de contenido que viaja en el cuerpo del mensaje (`Content-Type`) y el token de su usuario Pushbullet (`Access-Token`).

```
headers:
 Content-Type: application/json
 Access-Token: *************
```

El valor de la cabecera `Access-Token` será necesariamente `application/json` porque el formato de la información es un objeto JSON. El de la variable `Access-Token` contendrá su token personal (ya sabe cómo obtenerlo).

La variable `json` contiene el objeto JSON requerido por Pushbullet, cuyas claves son: `type`, `title` y `body`. Al tratarse de una notificación, el valor de la primera es siempre `note`. El de las otras dos será el texto del título y el contenido de la notificación que verá en el teléfono móvil.

```
json:
  type: note
  title: "Alarma"
  body: "Alguien ha entrado en casa"
```

Por último, como la comunicación es SSL (HTTPS), no se olvide de añadir la siguiente variable a la acción `post`:

```
verify_ssl: false
```

Una vez hechos los cambios, guarde el archivo, genere el firmware y cárguelo en el dispositivo. Para probar su funcionamiento solo tiene que pasar la mano delante del sensor. A los pocos segundos aparecerá una notificación en su teléfono móvil alertando del movimiento detectado.

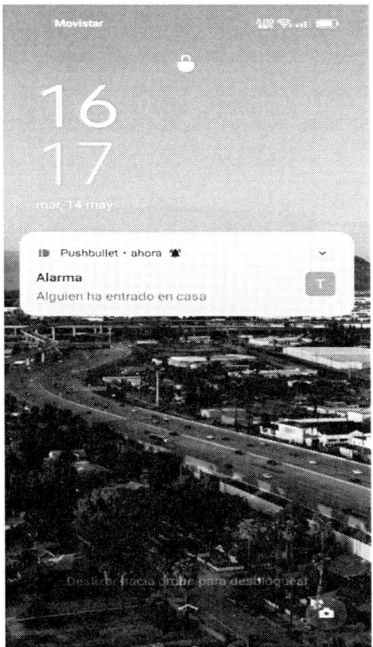

Antes de terminar este ejercicio, le propongo como mejora sacar el token de acceso del archivo de configuración y llevarlo al archivo "secrets.yaml" (junto con el resto de las contraseñas). Para ello, pulse el botón "SECRETS" situado en la esquina superior derecha del panel web.

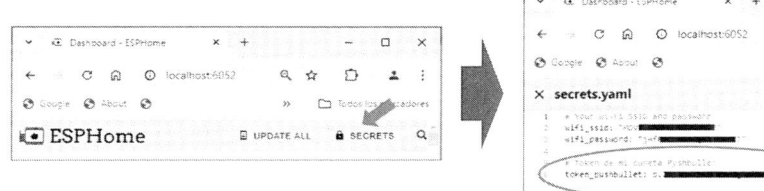

Luego, añada al final del archivo las siguientes líneas:

```
# Token de mi cuenta Pushbullet
token_pushbullet: **************
```

 El nombre de la clave al que asocie el token de su cuenta Pushbullet (en este caso, `token_pushbullet`) puede ser el que usted quiera.

Tras guardar los cambios realizados, salga de este archivo y entre en el de configuración. Allí, sustituya el valor de la variable `Access-Token`:

```
Access-Token: **************
```

por la directiva `!secret`, que hace referencia a la clave con la que se asoció en el archivo "secrets.yaml" (`token_pushbullet`).

```
Access-Token: !secret token_pushbullet
```

Hecho esto, genere el firmware de nuevo y cárguelo en el dispositivo. Si todo ha ido bien, su funcionamiento seguirá siendo el mismo.

10.2.3.2 *Alarma por apertura de puertas o ventanas*

Si en la práctica anterior construyó una alarma que enviaba una notificación a su teléfono móvil cada vez que se detectaba movimiento dentro de casa, en esta otra lo hará cuando alguien abra una puerta o una ventana. Solo tendrá que sustituir el sensor PIR por un interruptor magnético como el mostrado a continuación:

Este interruptor se compone de dos partes. Una de ellas se pondría en el marco de la puerta (o la ventana) y la otra en la hoja abatible. Con la puerta cerrada, ambos componentes deberán encajar para que la resistencia ofrecida sea muy baja y el GPIO13 pase a nivel bajo, ya que uno de los extremos del sensor está conectado a GND. Al abrir la puerta, el interruptor magnético ofrecería una resistencia muy grande (se comportaría como un circuito abierto) y el GPIO13 pasaría a nivel alto, ya que también está conectado a una resistencia *pull-up* de 10 KΩ.

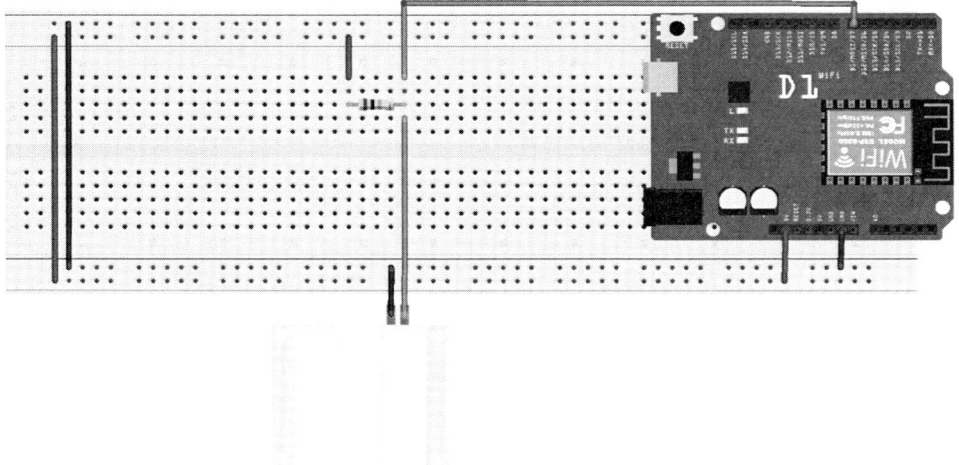

fritzing

El firmware utilizado es el mismo, por lo que, una vez construido el circuito, solo tendría que abrir la puerta o la ventana en la que haya instalado el sensor magnético para comprobar que recibe la notificación de alarma correspondiente. Hasta que no la cierre de nuevo, no volverá a recibir más notificaciones.

10.2.3.3 *Aviso de fuga de agua*

En esta práctica desarrollará un sistema capaz de enviar una notificación a su teléfono móvil cuando se detecte una fuga de agua.

El circuito eléctrico utilizado es el mostrado a continuación, en el que el componente principal es un sensor de humedad conectado al pin A0 del WEMOS. Evidentemente, tendrá que situarlo pegado a la pared o sobre el suelo, cerca de las tuberías. También dispone de un led testigo en el GPIO13, que permanecerá encendido siempre que haya humedad (lo puede sustituir por un buzzer activo).

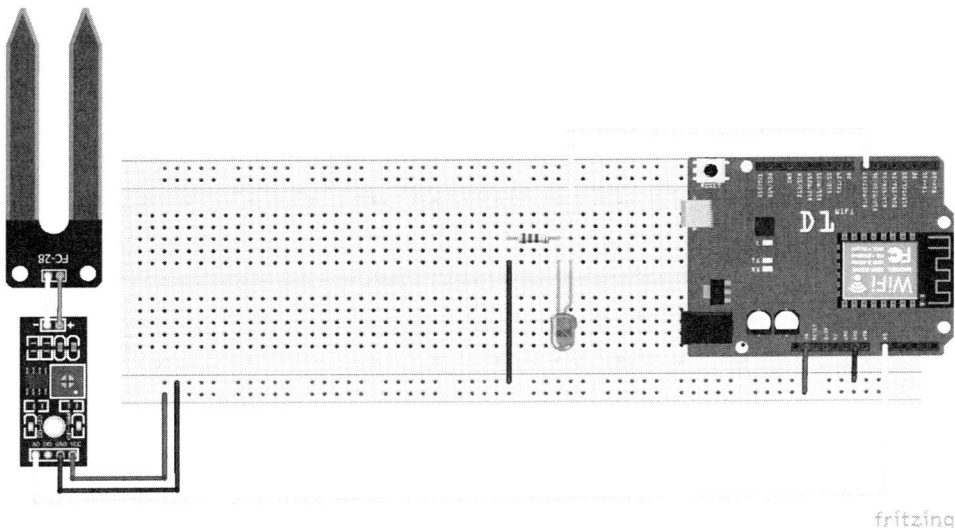

fritzing

Una vez montado el circuito, acceda al panel web de ESPHome y cree un nodo llamado "fuga-agua-pushbullet". Luego, abra el archivo de configuración y añada las siguientes líneas de código:

```
web_server:

http_request:

sensor:
  - platform: adc
    pin: A0
    name: "Humedad"
    id: humedad
    update_interval: 1s
    on_value_range:
      - below: 0.9
        then:
          - if:
              condition:
                lambda: !lambda "return id(fuga_sin_notificar);'
              then:
                - output.turn_on: led
                - http_request.post:
```

```
                    url: https://api.pushbullet.com/v2/pushes
                    headers:
                     Content-Type: application/json
                     Access-Token: !secret token_pushbullet
                    json:
                     type: note
                     title: "Alarma"
                     body: "Hay una fuga de agua"
                    verify_ssl: false
                - lambda: !lambda "id(fuga_sin_notificar) = false;"
          - above: 0.9
            then:
              - output.turn_off: led
              - lambda: !lambda "id(fuga_sin_notificar) = true;"
  output:
    - platform: gpio
      pin: 13
      id: led


  globals:
    - id: fuga_sin_notificar
      type: bool
      initial_value: 'true'
```

El primer componente le permitirá acceder al nodo mediante un navegador para ver el valor de la humedad.

```
  web_server:
```

El segundo hace posible el envío de peticiones HTTP.

```
  http_request:
```

El sensor de humedad es representado por un componente del dominio `sensor` de tipo analógico (el valor de `platform` es `adc`). El resto de variables de configuración indican que está conectado al pin A0 (`pin`), que aparecerá con el nombre "Humedad" en la página web del dispositivo (`name`), que su identificador es humedad (`id`) y que los valores se obtendrán cada segundo (`update_interval`).

```
sensor:
  - platform: adc
    pin: A0
    name: "Humedad"
    id: humedad
    update_interval: 1s
```

La automatización asociada a este componente es la que tiene toda la lógica de funcionamiento del dispositivo, por lo que antes se describirán los componentes de los que hace uso.

Uno de ellos es el led conectado al GPIO13 (output). Su identificador permitirá encenderlo y apagarlo desde la automatización asociada al componente anterior.

```
output:
  - platform: gpio
    pin: 13
    id: led
```

El último componente es la variable booleana fuga_sin_notificar. Si su valor fuera true (por defecto) significaría que todavía no se ha enviado ninguna notificación de alarma.

```
globals:
  - id: fuga_sin_notificar
    type: bool
    initial_value: 'true'
```

 Observe que el valor inicial va entre comillas.

Ahora sí, volvamos al componente del dominio sensor, en concreto, a la automatización asociada al disparador on_value_range que discrimina si el valor medido por el sensor está por encima o por debajo de 0.9.

```
on_value_range:
  - below: 0.9
    then:
      ...
  - above: 0.9
    then:
      ...
```

Recuerde que cuando no hay humedad el sensor devuelve el valor 1.0.

Podría llegar a pensar que si el valor estuviera por debajo de 0.9 significaría que hay humedad y, en consecuencia, tendría que enviar la notificación. Sin embargo, a diferencia de los ejercicios anteriores, en los que se enviaba una sola notificación cada vez que se detectaba movimiento o se abría una puerta o una ventana, en este caso la lectura periódica del valor presente en el pin A0 provocaría el envío continuo de notificaciones mientras hubiera humedad. Esto consumirá rápidamente la cuota gratuita ofrecida por Pushbullet, además de la molestia que supondría la llegada masiva de dichas notificaciones a su teléfono móvil. Por lo tanto, no basta con desarrollar una automatización que únicamente verifique si el valor de la humedad es mayor que un umbral establecido, sino que también compruebe que todavía no se haya enviado ninguna notificación tras descubrir la fuga de agua.

Por lo tanto, la automatización asociada al bloque `below` del evento `on_value_range` debe disponer de una condición que compruebe si no se ha enviado ninguna notificación de alarma (el valor de `fuga_sin_notificar` es `true`).

```
- if:
    condition:
      lambda: !lambda "return id(fuga_sin_notificar);"
    then:
      ...
```

Observe que la sangría de la palabra clave `condition` es de cuatro caracteres respecto de `if`.

Solo si se cumpliera esta condición (el código lambda devuelve el valor `true`) se encendería el led, se actualizaría el valor de la variable global `fuga_sin_notificar` y se enviaría una notificación a su teléfono móvil.

```
- output.turn_on: led
- lambda: !lambda "id(fuga_sin_notificar) = false;"
```

```
- http_request.post:
   url: https://api.pushbullet.com/v2/pushes
   headers:
    Content-Type: application/json
    Access-Token: !secret token_pushbullet
   json:
    type: note
    title: "Alarma"
    body: "Hay una fuga de agua"
   verify_ssl: false
```

La primera acción enciende el led (`turn_on`).

```
- output.turn_on: led
```

La segunda asigna el valor `false` a la variable global `fuga_sin_notificar` para que no se vuelva a cumplir la condición de esta regla y, en consecuencia, no se envíen más notificaciones.

```
- lambda: !lambda "id(fuga_sin_notificar) = true;"
```

La tercera acción (`post`) envía la petición HTTP al servicio Pushbullet de notificaciones. Las variables de configuración y sus valores son similares a los de los ejercicios anteriores, por lo que no se darán explicaciones adicionales.

```
- http_request.post:
   url: https://api.pushbullet.com/v2/pushes
   headers:
    Content-Type: application/json
    Access-Token: !secret token_pushbullet
   json:
    type: note
    title: "Alarma"
    body: "Hay una fuga de agua"
   verify_ssl: false
```

¿Qué sucedería si la humedad volviera a subir por encima de 0.9? Se ejecutarían las dos acciones asociadas al bloque `above` del evento `on_value_range`. La primera apagaría el led, mientras que la segunda asignaría el valor `true` a la variable global `fuga_sin_notificar` para que la próxima vez que se detecte humedad se pueda volver a enviar la correspondiente notificación.

```
- output.turn_off: led
- lambda: !lambda "id(fuga_sin_notificar) = true;"
```

Tras realizar estos cambios, guarde el archivo de configuración, genere el firmware y cárguelo en su dispositivo. Para probarlo, solo tiene que sumergir el sensor en un vaso de agua. El led se encenderá y en su teléfono móvil aparecerá una notificación de alerta.

Manténgalo sumergido unos segundos para comprobar que no se reciben más notificaciones. Durante todo ese tiempo, el led deberá permanecer encendido. A continuación, saque el sensor del agua y verifique que el led de apaga. Repita la prueba. Al meter el sensor en el agua el led volverá a encenderse y recibirá una nueva notificación de alerta.

10.3 EL PROTOCOLO MQTT

MQTT es un protocolo de comunicaciones estándar basado en un modelo de publicación-suscripción de mensajes. Fue creado por Andy Stanford-

Clark y Arlen Nipper en 1999, aunque hasta 2013 no se convirtió en un estándar oficial de la mano de OASIS (*Organization for the Advancement of Structured Information Standards* - Organización para el Avance de Estándares de Información Estructurada), una institución abierta cuyo propósito es favorecer el desarrollo de normas.

La principal ventaja de este protocolo son los escasos recursos que exige tanto de comunicaciones como computacionales. Eso hace posible su empleo en microprocesadores sencillos, como los basados en el SoC ESP8266, que, además de ser pequeños y baratos, consumen muy poca energía, algo importante cuando deben alimentarse con baterías. Estas características, unidas al hecho de ser un estándar abierto y sencillo de implementar, lo hacen especialmente adecuado en las aplicaciones domóticas.

Los mensajes representan elementos de información, tales como datos (p. ej., la temperatura detectada por un sensor) o comandos de control (p. ej., la indicación de encendido/apagado de la calefacción). Estos son publicados por un cliente en un determinado tema y recibidos por todos aquellos que estén suscritos a él. El tema representa el asunto del mensaje, aquello de lo que trata su contenido. Por ejemplo, si un tema fuera "radiador del salón", el contenido podría ser "encender" o "apagar"; mientras que si fuera "temperatura del salón", el contenido sería un número con dicho valor.

En resumen, para que se establezca una comunicación MQTT entre dos clientes, uno de ellos debe ser capaz de publicar mensajes en un tema al que el otro se haya suscrito. Cualquier cliente puede ser publicador o suscriptor. Además, los mensajes publicados en un tema pueden ser recibidos por todos los clientes que se hayan suscrito a *él*.

Pero ¿cómo sabe un publicador quiénes son los suscriptores a los que debe enviar los mensajes? No lo sabe y tampoco necesita saberlo. De eso se encarga un tercer elemento intermedio, llamado bróker, responsable de recibir todos los mensajes, decidir quiénes están interesados en ellos y, finalmente, remitírselos. Por lo tanto, el bróker guarda un registro de las suscripciones de todos los clientes. De esta forma, cuando le llega un mensaje, comprueba el tema del que se trata, consulta su registro y se lo envía a los clientes suscritos.

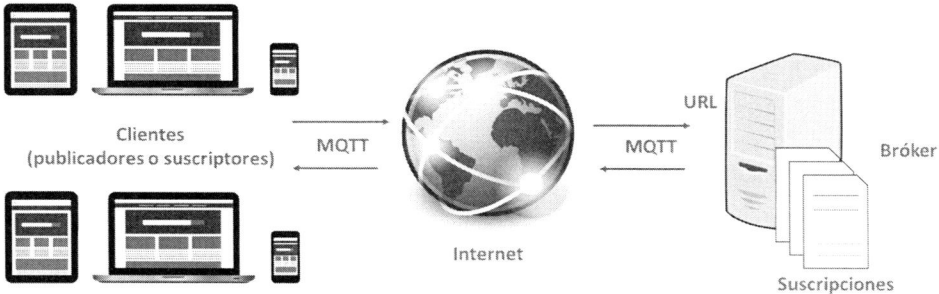

El bróker no modifica los mensajes, únicamente los redirige de un publicador a sus suscriptores. Tampoco los almacena de forma predeterminada, por lo que *únicamente* los reciben los suscriptores que están conectados al bróker en el momento de haber sido enviados (más adelante conocerá las excepciones a este comportamiento).

En las prácticas que realice a lo largo de esta obra utilizará un bróker público para que la comunicación con sus dispositivos pueda hacerse desde cualquier parte del mundo (no solo dentro de casa).

Entre los bróker públicos existentes en Internet, se ha optado por HiveMQ (https://www.hivemq.com/mqtt/public-mqtt-broker/).

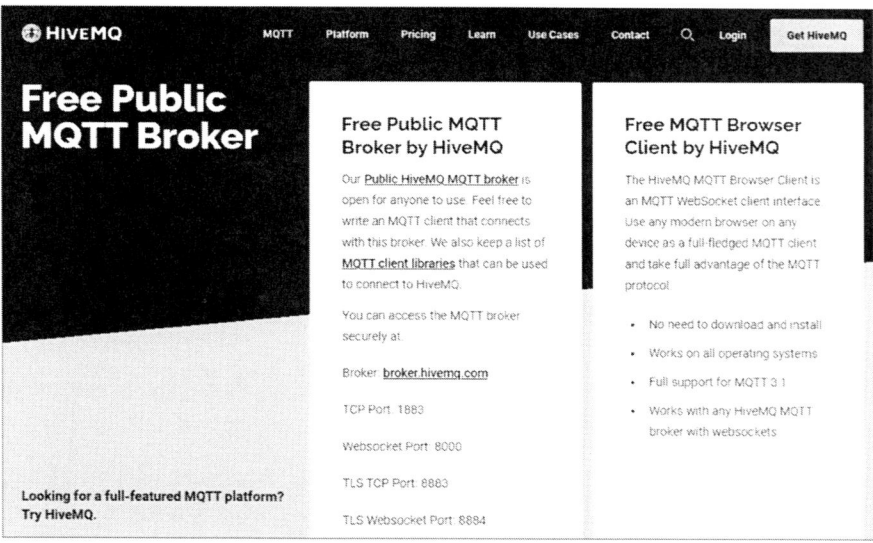

En su página web encontrará toda la información necesaria para usarlo. Sin embargo, su empleo requiere unos conocimientos *básicos* del protocolo MQTT que se dan a continuación.

i Si prefiere otro bróker, en
https://github.com/mqtt/mqtt.github.io/wiki/public_brokers tiene
una lista actualizada de los principales brókeres *púbicos*.

i Los brókeres de uso público y gratuito no garantizan tiempos de respuesta concretos ni tampoco un servicio 24/7, por lo que puede haber
momentos en los que vayan más lentos o estén caídos.

10.3.1 Fases de establecimiento e intercambio de mensajes entre clientes

Tal como acaba de descubrir, las comunicaciones basadas en el protocolo
MQTT se basan en la publicación y suscripción de mensajes. Previamente,
tanto el cliente que publica los mensajes como el que los recibe deberán
haberse conectado al mismo bróker. Veamos en detalle cada una de estas
fases.

10.3.1.1 *Conexión con el bróker*

MQTT se basa en los protocolos TCP/IP, por lo que un cliente requiere una
URL y un puerto para conectarse a un bróker (al igual que en HTTP para
conectarse a un servidor web).

Cuando un cliente inicia una conexión con el bróker, le envía un mensaje
de tipo CONNECT con los siguientes parámetros de configuración:

- Identificador del cliente

- Opción de persistencia de sesión

- Usuario y contraseña

- Intervalo de tiempo *keep alive*

- Mensaje de desconexión inesperada (o de últimas voluntades)

Únicamente son obligatorios el identificador del cliente, la opción de persistencia de sesión y el intervalo de tiempo *keep alive*.

El identificador de un cliente lo distingue de los demás, por lo que debe ser único.

La opción de persistencia de sesión *(clean session)* mantiene la información asociada a un cliente aunque se desconecte del bróker. Así pues, cuando la conexión se inicia con esta opción, el bróker recuerda las suscripciones realizadas y mantiene los mensajes recibidos con un QoS de 1 o 2 que no hayan podido ser enviados al cliente (como pronto descubrirá, son aquellos en los que el protocolo asegura su entrega). En caso contrario, si se perdiera la conexión por cualquier motivo, cuando el cliente se conectara de nuevo tendría que volver a suscribirse y solo recibiría los mensajes que se enviaran a partir de ese momento.

El usuario y la contraseña se utilizan para autenticar la conexión de los clientes al bróker.

El intervalo de tiempo *keep alive* es el número máximo de segundos que pueden transcurrir antes de que el cliente se ponga en contacto con el bróker para indicarle que sigue operativo. Superado este tiempo, el bróker procedería a su eliminación de los registros (a no ser que hubiera iniciado sesión con la opción de persistencia de sesión activada).

Por último, el mensaje de desconexión inesperada (o de últimas voluntades) es el que enviaría el bróker en nombre de un cliente que no haya dado señales de vida durante el intervalo de tiempo *keep alive*. Resulta de gran utilidad, ya que sirve, por ejemplo, para avisar de que un dispositivo está estropeado o, simplemente, se ha quedado sin batería.

10.3.1.2 *Publicación y suscripción de mensajes*

Tanto la publicación como la suscripción de mensajes requieren la especificación de un tema. Este puede estructurarse en una jerarquía similar a la de las carpetas de un sistema de archivos, donde se usa el carácter '/'

como delimitador. Por ejemplo, si quisiera encender la luz de la sala de su casa, podría crear el tema "casa/sala/luz"; si se tratara de la del despacho de su oficina, sería "oficina/despacho/luz". Cuando deseara encender el aire acondicionado de la habitación de matrimonio, el tema podría ser "casa/habitación_matrimonio/aire_acondicionado". Si solo tuviera un dispositivo IoT para encender la luz, podrían simplificar el nombre del tema indicando simplemente "luz". Incluso con un par de ellos, los temas podrían ser "luz_salón" o "luz_cocina" (sin ningún tipo de estructura, ya que va implícita en el propio nombre del tema).

> Aunque en teoría los espacios están permitidos, conviene no usarlos porque pueden llevar a errores inesperados.

Las suscripciones pueden realizarse a uno o varios niveles de una jerarquía de temas usando los caracteres comodín '+' y '#'. Por ejemplo, si se suscribiera al tema "casa/+/luz", lo estaría haciendo a los temas relacionados con las luces de la casa, como casa/sala/luz, "casa/habitación_matrimonio/luz", etc. En cambio, si se suscribiera al tema casa/#, se estaría suscribiendo a todos los temas que hubiera por debajo de "casa" a cualquier nivel (incluiría la luz y el aire acondicionado de cualquier habitación).

En la publicación de mensajes, además del tema, intervienen los siguientes parámetros:

- QoS (*Quality of Service* – calidad de servicio)
- Opción de mensaje retenido

Cuando un cliente publica un mensaje en un tema, lo hace con una calidad de servicio (QoS) que establece las condiciones de entrega. En MQTT se definen tres niveles:

- Nivel 0. El mensaje se envía solo una vez. Por lo tanto, no hay garantía de entrega. Por ejemplo, si el suscriptor estuviera caído o hubiera algún problema de comunicaciones en ese momento, no lo recibiría. Es el nivel mínimo de calidad.

- Nivel 1. Se garantiza que el mensaje se entrega al menos una vez a cada suscriptor. Es posible que le llegue varias veces. Esto podría ser problemático dependiendo de la lógica de la aplicación.

- Nivel 2. El mensaje llega exactamente una vez a cada suscriptor. Es el nivel más alto de servicio, pero también el más lento.

Cuando el cliente se conecta a un bróker y se suscribe a un tema, no sabe cuándo llegará algún mensaje. El publicador puede tardar segundos, minutos o incluso horas en enviarlo. Hasta que no se publique el primer mensaje, el suscriptor desconoce el estado actual del tema. Por ejemplo, si tuviera un sensor que actualizara la temperatura cada hora, cuando un cliente se suscribiera, podría llegar a pasar una hora hasta que recibiera un mensaje con dicha temperatura. Durante todo ese tiempo no sabría cuál es. Para resolver este problema entran en juego los mensajes retenidos.

Un mensaje retenido es un mensaje MQTT que se publica con la opción de retención activada. El bróker almacena el último mensaje de este tipo enviado sobre un tema. Si un cliente se suscribiera a él posteriormente, el bróker se lo enviaría de forma inmediata. Siguiendo el ejemplo del sensor de temperatura, en el momento de la suscripción recibiría de forma instantánea la última enviada por dicho sensor.

10.3.2 Componentes MQTT de ESPHome

Como ya sabe, las comunicaciones MQTT se establecen en dos fases, la primera de las cuales conecta un cliente al bróker. Pues bien, en ESPHome la configuración de dicha conexión se realiza mediante el componente:

```
mqtt
```

Dispone de infinidad de variables de configuración, de las cuales solo una es obligatoria:

- `broker`. Host del bróker MQTT utilizado.

Entre las variables opcionales, destacaremos solo las más básicas:

- `port`. Puerto de ese mismo bróker. El valor predeterminado es 1883.
- `client_id`. Identificador único del cliente. Por defecto se genera automáticamente combinando la dirección MAC del dispositivo con el nombre de nodo.
- `username` y `password`. Nombre de usuario y contraseña de autenticación. Por defecto su valor es la cadena vacía (no se autentica).
- `will_message`. Mensaje de últimas voluntades. Se enviaría cuando se superase el tiempo de *keep alive* en el tema *nombre_nodo/status*. Por defecto, su contenido es el texto "offline".
- `birth_message`. Mensaje de conexión. Se enviaría cuando el dispositivo se conectara al bróker en el tema *nombre_nodo/status*

(el mismo de las últimas voluntades). Por defecto su contenido es "online".

- **keepalive**. Tiempo de *keep alive*. Por defecto es de quince segundos.

 El acrónimo MAC (Medium Access Control) es un identificador de 48 bits que representa la dirección física de una tarjeta o un dispositivo de red (por ejemplo, un WEMOS o un ESP-01). Es único y diferente de cualquier otro dispositivo existente.

Este componente dispone de dos acciones, cuyo objetivo es la publicación de mensajes:

- **publish**
- **publish_json**

La primera publica un mensaje cuyo contenido es textual (una cadena de caracteres), mientras que en la segunda tiene formato JSON. El valor de ambas acciones es un objeto con las siguientes variables de configuración obligatorias:

- **topic**. Tema en el que se publica el mensaje.
- **payload**. Contenido del mensaje.

Adicionalmente, dispone de estas otras dos variables de configuración opcionales:

- **qos**. Nivel de servicio. Por defecto su valor es 0.
- **retain**. Opción de retención del mensaje. Su valor por defecto es false.

Finalmente, el componente mqtt tiene atiende estos cuatro eventos:

- **on_connect** y **on_disconnect**. Se disparan cuando el cliente se conecta o se desconecta de un bróker, respectivamente.
- **on_message** y **on_json_message**. Se producen cada vez que el cliente recibe un mensaje publicado en un tema determinado y un contenido concreto, ya sea textual o en formato JSON, respectivamente. En ambos casos, su valor es un objeto caracterizado por una variable de configuración obligatoria (topic) que especifica el tema, y dos opcionales (qos y payload), que determinan el nivel de servicio y el contenido esperado.

Finalmente, este componente también interviene en una condición:

- **connected**. Devuelve el valor true si un cliente está conectado a un bróker.

 Toda la documentación del componente mqtt la encontrará en https://esphome.io/components/mqtt.html.

Seguramente, toda esta información le haya resultado abrumadora, incluso confusa. En cuanto haga la primera práctica se dará cuenta de que no era más que una falsa impresión. Pero, antes, permítame presentarle la aplicación IoT MQTT Panel. Se trata de un cliente MQTT que se ejecuta en teléfonos Android. Está orientada al diseño de interfaces gráficas de sistemas domóticos, por lo que resulta el complemento ideal para interactuar con dispositivos ESPHome mediante este protocolo.

10.4 LA APLICACIÓN IOT MQTT PANEL

Una de las grandes ventajas de que MQTT esté tan extendido es su disponibilidad en multitud de lenguajes y plataformas, en especial las de los teléfonos móviles. Están siempre con nosotros y los empleamos cada vez en más ámbitos, entre los que no podía faltar el de los sistemas domóticos.

El uso de MQTT en un móvil no requiere saber programar en las plataformas Android ni iOS. De eso ya se han ocupado otros, que ponen a su disposición clientes MQTT con los que es posible enviar u obtener información de casi cualquier dispositivo publicando o suscribiéndose a cierto tipo de mensajes.

Entre las aplicaciones existentes en la Play Store que incluyen un cliente MQTT se ha optado por IoT MQTT Panel porque, además de ser gratuita, está orientada al ámbito doméstico, es completamente gráfica y resulta muy completa y fácil de manejar.

No dude en instalarla en su teléfono móvil. En la siguiente sección aprenderá a conectarla a un bróker público y a diseñar pantallas personalizadas que faciliten el control de sus dispositivos desde cualquier lugar (no será necesario estar conectado a la misma red wifi, bastará con tener acceso a Internet).

10.4.1 Prácticas

En esta sección pondrá en valor los conocimientos recién adquiridos sobre MQTT en tres nuevos sistemas domóticos. Para ello, utilizará MQTT

IoT Explorer, el servicio público HiveMQ y, por supuesto, un dispositivo ESPHome capaz de establecer comunicaciones mediante este protocolo.

De este modo, tras finalizar el primer ejercicio será capaz de consultar la temperatura y la humedad ambiente de una ubicación remota desde un teléfono móvil a través de Internet, es decir, independientemente de donde se encuentre.

En el segundo diseñará dos dispositivos: uno interior con un display LCD que le permita ver la temperatura exterior obtenida por otro situado en un balcón o una ventana.

La última práctica complementará la primera para que, además de ver la temperatura, pueda controlar manualmente la calefacción desde su teléfono móvil.

10.4.1.1 *Estación meteorológica remota*

El circuito utilizado en este ejercicio es un viejo conocido, ya que únicamente consta de un sensor DHT11 conectado al GIPO13.

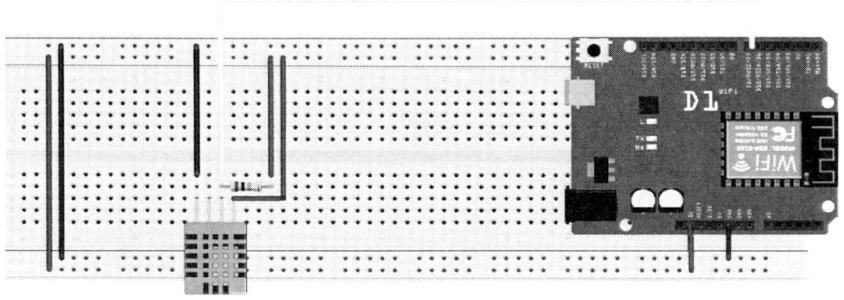

A diferencia de las prácticas anteriores, en esta será capaz de consultar la temperatura y la humedad por Internet desde un teléfono móvil (no será necesario estar conectado a la misma red wifi del dispositivo). Tampoco usará un navegador web, sino una aplicación Android que mostrará dicha información de forma personalizada, tal como se aprecia a continuación:

Una vez montado el circuito, acceda al panel web de ESPHome y cree el nodo "mqtt-dht11". Luego, añada los siguientes componentes a su archivo de configuración:

```
mqtt:
  broker: broker.hivemq.com

sensor:
 - platform: dht
   pin: 13
   temperature:
    name: "temperatura"
   humidity:
    name: "humedad"
   update_interval: 5s
```

> (i) Antes de proceder a su descripción, cabe insistir en la necesidad de eliminar el componente que habilita el uso del API nativa de Home Assistant (`api`). De no hacerlo, el dispositivo se reiniciaría cada quince minutos, desconectándose del bróker.

El componente que representa el sensor DHT11 (perteneciente al dominio `sensor`) no requiere de ninguna explicación, ya que lo conoce de prácticas anteriores.

El componente `mqtt` establece la conexión con el bróker especificado en la variable `broker`. Su valor es el host del servicio público utilizado (HiveMQ).

Solo por el hecho de haber incluido este último componente, los valores recogidos por el sensor DHT11 serán publicados en el siguiente tema:

```
nombre_nodo/sensor/nombre_sensor/state
```

Como este sensor agrupa realmente a dos: uno de humedad y otro de temperatura, los valores de cada uno de ellos se publicará en un tema diferente:

```
mqtt-dht11/sensor/temperatura/state
mqtt-dht11/sensor/humedad/state
```

Una vez realizados los cambios, guarde el archivo de configuración, genere el firmware y cárguelo en el dispositivo. A partir de ese momento, comenzará a publicarse un mensaje con el valor de la humedad y otro con el de la temperatura cada cinco segundos.

Para completar el sistema solo faltaría otro cliente que se suscribiera a estos mismos temas y presentara dicha información de una forma agradable en la pantalla de un teléfono móvil. En este caso, se trata de la aplicación IoT MQTT Panel, que ofrece tanto facilidades de diseño de interfaces gráficas como de configuración de clientes MQTT.

Llegó el momento de abrir la aplicación IoT MQTT Panel. Lo primero que tendrá que hacer es configurar la conexión con el bróker. Eso es precisamente lo que indica el siguiente mensaje:

Pulse el botón "SETUP A CONNECTION". Aparecerá una pantalla en la que podrá crear su primera conexión, para lo que tendrá que rellenar los siguientes campos:

- **"Connection name"**. Nombre de la conexión. Aunque puede poner el que quiera, yo he elegido el del propio bróker ("HiveMQ").

- **"Client ID"**. Identificador con el que el cliente se conecta al bróker. Si no introdujera ninguno, la aplicación lo generaría de forma aleatoria. No lo rellene.

- **"Broker Web/IP address"**. Dirección IP o host del bróker. El del servicio público utilizado en esta práctica es "broker.hivemq.com".

- **"Port number"** y **"Network protocol"**. Número del puerto y protocolo utilizados. Mantenga los valores que aparecen por defecto, ya que son los estándar.

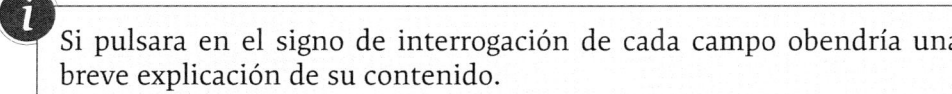

Si pulsara en el signo de interrogación de cada campo obendría una breve explicación de su contenido.

Después de añadir la información anterior, lo siguiente que tiene que hacer es crear un cuadro de mando *(dashboard)*. Se trata de una pantalla que agrupa los controles gráficos que formarán parte de la interfaz de usuario de su sistema domótico. A tal efecto, presione el botón "+" ("Add Dashboard"), escriba el nombre que quiera darle (en este caso, "Estación meteorológica") y pulse el botón "SAVE".

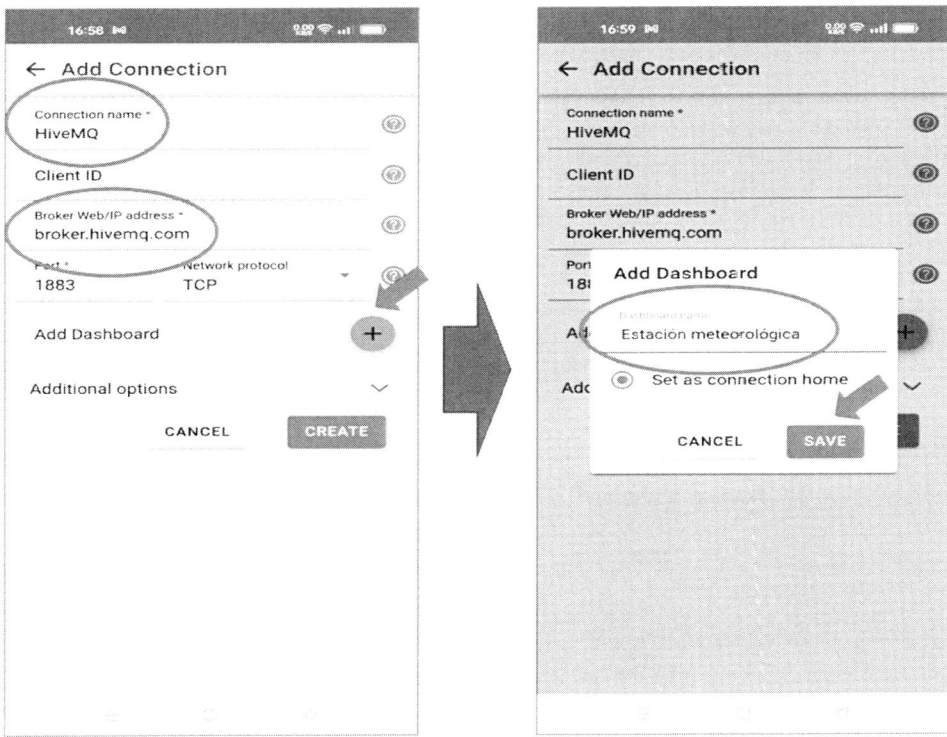

Los nombres de los campos que tienen un asterisco ('*') son obligatorios.

Volverá a la pantalla anterior, donde verá dicho *dashboard*. Haga clic en el botón "CREATE" para finalizar el proceso de creación de la conexión.

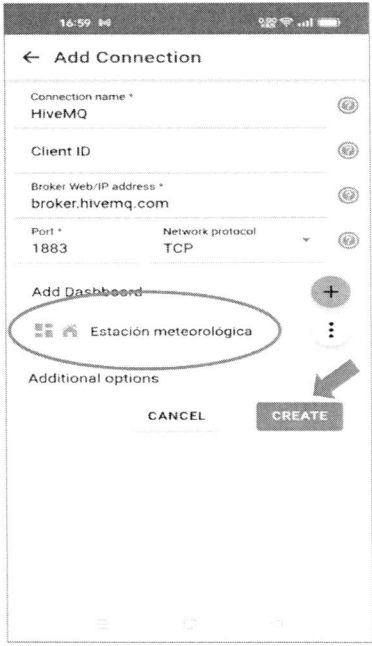

Esta aparecerá representada gráficamente como una nube. El *check* que hay dentro confirma que se ha establecido comunicación con el bróker.

Una vez realizada la conexión, el siguiente paso es crear los controles gráficos que conforman la interfaz de usuario del sistema. Tal como pudo observar en la imagen mostrada al principio de esta sección, se trata de un medidor de temperatura y otro de humedad.

Empecemos creando el de temperatura. En primer lugar, pulse sobre el nombre de la conexión ("HiveMQ"). Como todavía no tienen ningún control gráfico asociado (en IoT MQTT Panel se llama panel) aparecerá un mensaje que se lo indica ("Current dashboard does not have any panel") y un botón que le permitirá crear el primero ("ADD PANEL"). Al pulsarlo, le llevará a otra pantalla en la que están todos los que podría añadir al *dashboard* que acaba de crear. Seleccione "Gauge", ya que es el que representa un medidor.

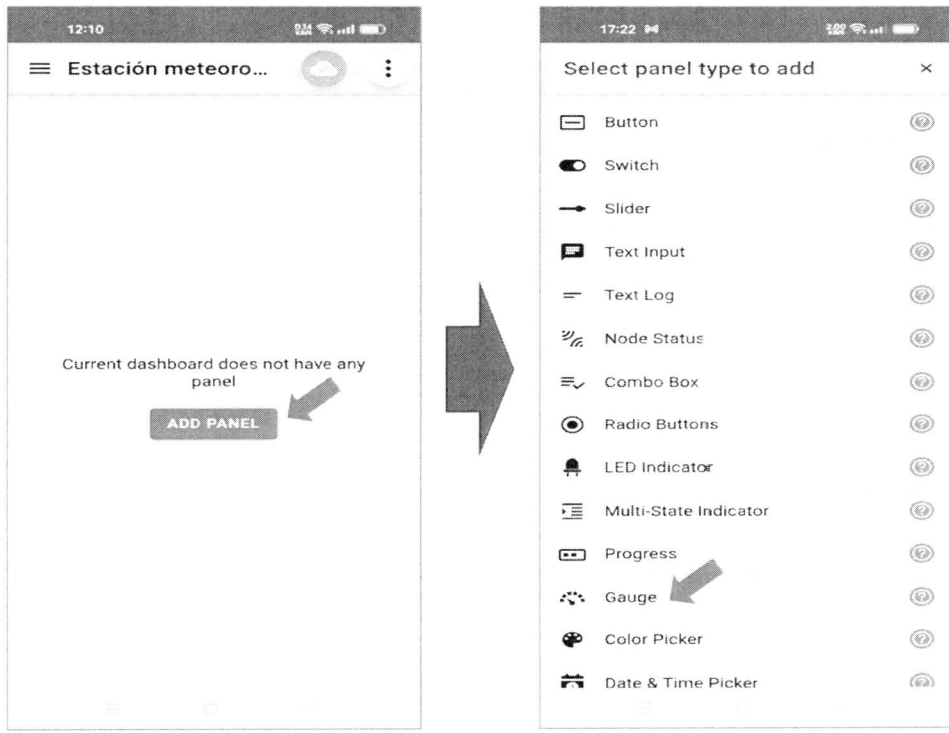

Aparecerá una nueva pantalla en la que tendrá que rellenar estos campos:

- **"Panel name"**. Nombre del elemento, en este caso, "Temperatura".

- **"Topic"**. Tema al que se suscribe el elemento. Debe coincidir con aquel en el que el dispositivo publica periódicamente la temperatura, en concreto, "mqtt-dht11/sensor/temperatura/state".

- **"Payload min"**. Valor mínimo de la temperatura. Se ha elegido 0; no obstante, podría ser cualquier otro número, incluso negativo.

- **"Payload max"**. Valor máximo de la temperatura. Aunque se ha indicado 50, sería posible asignar otro diferente.

- **"Unit"**. Especifica la unidad de medida, en este caso, "°C".

El campo "Factor" que hay al lado de este último, es el número por el que se multiplicaría el valor recibido antes de mostrarlo en el medidor. Se trata, por lo tanto, de un factor de escala (sería equivalente al filtro `multiply` del dominio `sensor`).

Por otro lado, los valores que hay entre los colores rojo, verde y amarillo indican los límites a partir de los cuales el arco del termómetro cambiaría de color. Aunque se han dejado los colores y los valores que vienen por defecto, puede modificar cualquiera de ellos.

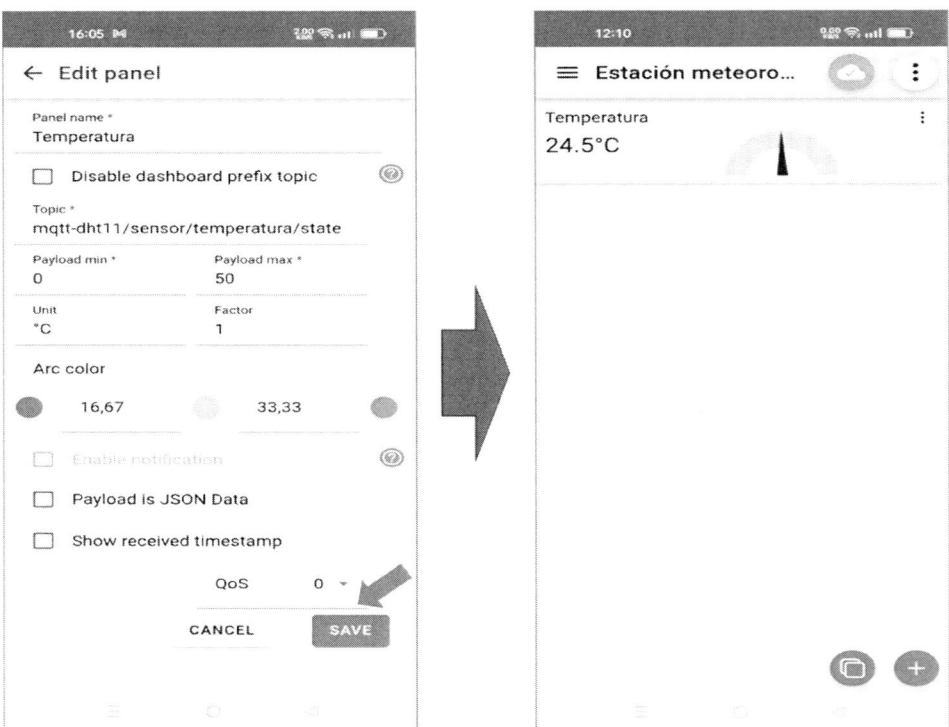

 No escriba las comillas al rellenar los campos.

Una vez rellenados los campos requeridos, pulse el botón "SAVE". Como puede advertir en la imagen anterior, el termómetro ya marca la temperatura actual (se supone que el dispositivo está encendido).

Ahora toca crear el medidor de la humedad. El procedimiento es el mismo, por lo que solo tendrá que pulsar el botón "+" situado en la esquina inferior derecha de la interfaz, seleccionar el componente "Gauge" y rellenar los siguientes campos:

- **"Panel name"**. "Humedad"
- **"Topic"**. "mqtt-dht11/sensor/humedad/state"

- **"Payload min"**. 0
- "**Payload max"**. 100
- **"Unit"**. %

Tras pulsar el botón "SAVE", podrá ver el valor de la humedad actual debajo de la temperatura.

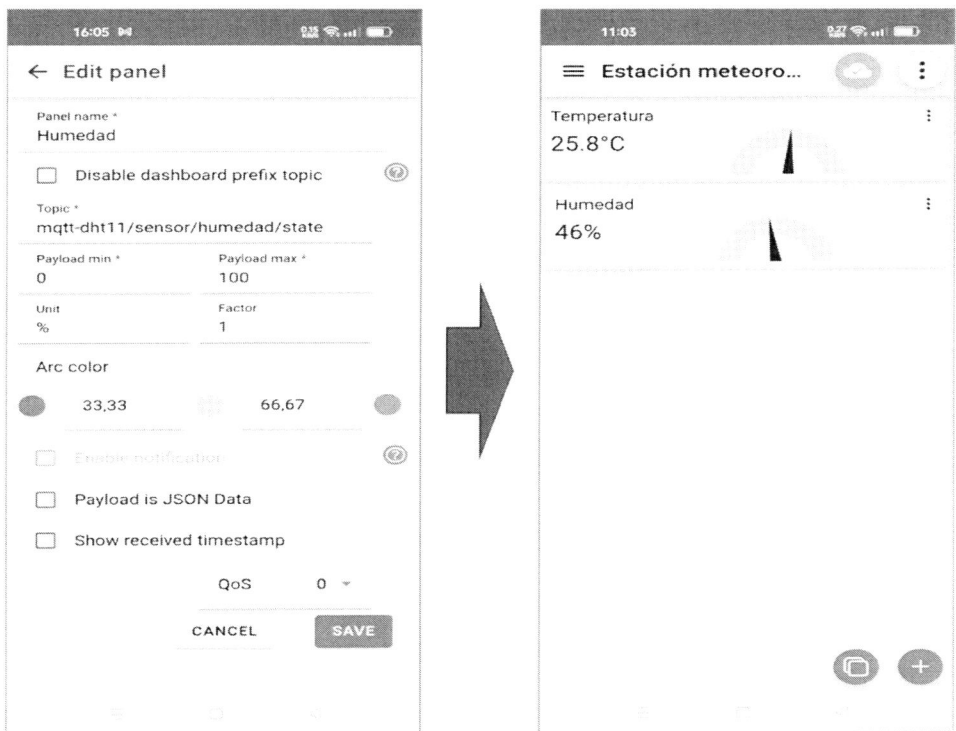

Toque el sensor con la mano y compruebe cómo cambian los valores de ambas magnitudes físicas a los pocos segundos, señal de que el sistema funciona correctamente.

10.4.1.2 *Estación meteorológica exterior*

Si en el primer ejercicio fue capaz de consultar la temperatura y la humedad de una ubicación remota desde su teléfono móvil, en esta podrá hacerlo en un display (como en las estaciones meteorológicas comerciales). Al igual que en estas, el sistema que construya estará formado por una unidad exterior que contiene los sensores (en este caso únicamente el DHT11) y otra interior con un display que muestra la información recogida. La unidad interior dispondrá de su propio sensor DHT11 con el fin de dar a conocer también la temperatura y la humedad que hay dentro de casa.

La siguiente imagen presenta el resultado que se quiere conseguir:

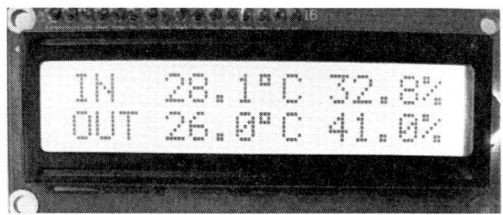

Como se acaba de indicar, el sistema constará de dos unidades. El circuito de la externa será el mismo del ejercicio anterior, al igual que el firmware cargado en la placa WEMOS (no cambie el código ni el nombre del nodo).

El circuito del módulo interior también es un viejo conocido, ya que lo utilizó en el capítulo dedicado a las pantallas.

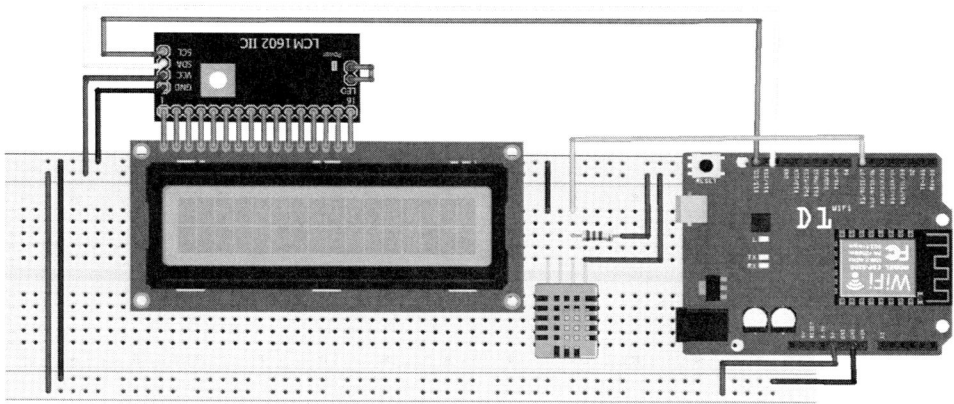

En este caso el firmware es nuevo, por lo que tendrá que crear el nodo correspondiente en el panel web (llámelo "mqtt-display") y añadirle el siguiente código:

```
mqtt:
  broker: broker.hivemq.com

sensor:
  - platform: dht
    pin: 13
    temperature:
```

```
      name: "Temperatura interior"
      id: temperatura_interior
    humidity:
      name: "Humedad interior"
      id: humedad_interior
    update_interval: 5s
  - platform: mqtt_subscribe
    topic: mqtt-dht11/sensor/temperatura/state
    name: "Temperatura exterior"
    id: temperatura_exterior
  - platform: mqtt_subscribe
    topic: mqtt-dht11/sensor/humedad/state
    name: "Humedad exterior"
    id: humedad_exterior

i2c:

display:
  - platform: lcd_pcf8574
    dimensions: 16x2
    address: 0x27
    lambda: |-
      it.printf("IN  %4.1f%cC %4.1f%%OUT %4.1f%cC %4.1f%%",
                id(temperatura_interior).state,0xDF, id(humedad_interior).state,
                id(temperatura_exterior).state,0xDF, id(humedad_exterior).state);
```

> *i*
>
> No se olvide de borrar el componente `api` que habilita el uso del API nativa de Home Assistant.

El componente `mqtt` es el que habilita las comunicaciones MQTT.

El dominio `sensor` agrupa tres sensores: el DHT11 conectado al GPIO13, la parte del sensor DHT11 del módulo exterior que recoge la temperatura y la parte de ese mismo sensor con el que se obtiene la humedad.

El primero se especifica de la forma habitual, por lo que no se dará ninguna explicación adicional.

```
  - platform: dht
    pin: 13
```

```
temperature:
 name: "Temperatura interior"
 id: temperatura_interior
humidity:
 name: "Humedad interior"
 id: humedad_interior
update_interval: 5s
```

Los que sí requieren de una descripción detallada son los otros dos, ya que representan sensores virtuales, es decir, sensores conectados a otra placa que envían sus datos por MQTT. Ese es el motivo de que el valor de la variable `platform` sea `mqtt_subscribe`, un tipo de sensor conocido como *MQTT suscribe sensor*. Su empleo facilita en gran medida el manejo de los sensores remotos.

Como cualquier otro componente, los de tipo `mqtt_subscribe` tienen sus propias variables de configuración, dos de la cuales son obligatorias:

- `name`. Nombre del sensor.
- `topic`. Nombre del tema en el que el sensor físico publica sus valores.

Además, dispone de estas otras variables opcionales:

- `qos`. Nivel de servicio (por defecto es el 0).
- `id`. Identificador del sensor.
- Cualquier otra variable del dominio `sensor`.

El motivo de que haya dos sensores virtuales es porque, como ya sabe, un sensor DHT11 consta en realidad de dos sensores físicos dentro del mismo encapsulado: uno de temperatura y otro de humedad. En este caso, ambos conforman el sensor DHT11 del dispositivo exterior, en concreto, el construido en la práctica anterior. Si lo recuerda, este publicaba la temperatura y la humedad en los temas "mqtt-dht11/sensor/temperatura/state" y "mqtt-dht11/sensor/humedad/state", respectivamente, que es el valor asignado a la variable `topic` de cada uno de los sensores virtuales.

```
- platform: mqtt_subscribe
  topic: mqtt-dht11/sensor/temperatura/state
  name: "Temperatura exterior"
  id: temperatura_exterior
- platform: mqtt_subscribe
  topic: mqtt-dht11/sensor/humedad/state
  name: "Humedad exterior"
  id: humedad_exterior
```

Los componentes componente `i2c` y `display` ya los conoce, por lo que sobran las explicaciones, excepto en lo que respecta al código lambda, encargado de presentar la temperatura y la humedad interior y exterior en la pantalla:

```
lambda: |-
  it.printf("IN  %4.1f%cC %4.1f%%OUT %4.1f%cC %4.1f%%',
            id(temperatura_interior).state,0xDF, id(humedad_interior).state,
            id(temperatura_exterior).state,0xDF, id(humedad_exterior).state);
```

Observe que no se ha utilizado un salto de línea ('\n') para escribir ambas líneas. Eso es debido a que la primera ocupa los 16 caracteres del display, por lo que el cursor ya está situado en la segunda línea. Si lo añadiera, la temperatura y humedad exterior se mostrarían en una "tercera" línea y, en consecuencia, no se verían.

Una vez realizados los cambios, genere el firmware y cárguelo en el módulo interior. Si el exterior estuviera encendido vería la temperatura y la humedad actual tanto dentro como fuera de casa.

Al mismo tiempo, en el teléfono móvil podrá seguir viendo la temperatura del módulo exterior, ya que la aplicación IoT MQTT Panel sigue estando suscrita a los mensajes publicados por este dispositivo.

10.4.1.3 *Control de la calefacción por Internet*

Si en el sistema desarrollado en la práctica anterior la aplicación IoT MQTT Panel estaba suscrita a los temas que le permitían conocer la temperatura y la humedad obtenidas por un sensor DHT11, en esta se invierten los papeles, ya que ahora se encargará de publicar los mensajes en los que viajan las órdenes de encendido o apagado de la calefacción (aunque también podrá seguir consultando la temperatura de la casa).

La interfaz de usuario de la aplicación IoT MQTT Panel estará formada por un interruptor con el que se puede encender o apagar la calefacción, un led testigo que informa del estado en el que se encuentra y un termómetro que muestra la temperatura en todo momento. Su aspecto será el siguiente:

El circuito utilizado hará uso de un relé conectado al GPIO13 y un sensor DHT11 conectado al GPIO12.

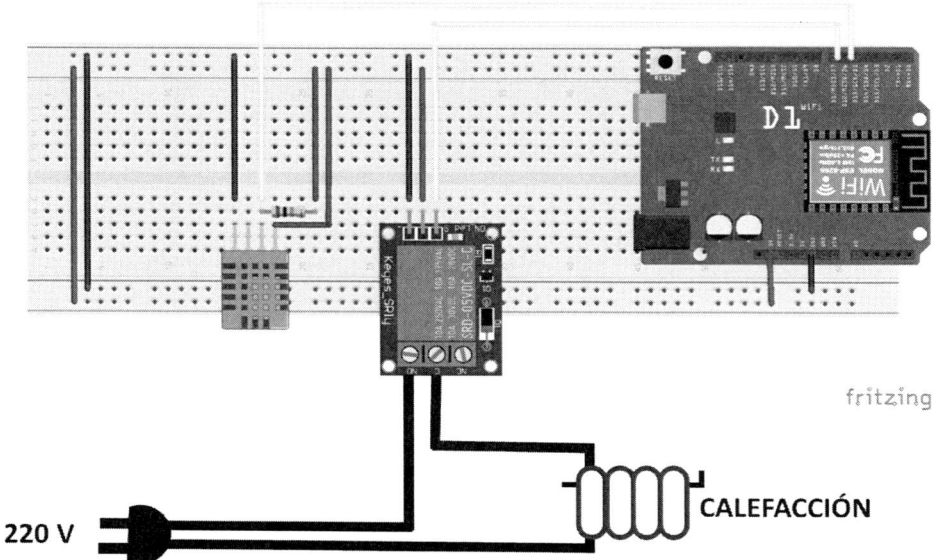

Cuando tenga montado el circuito, acceda al panel web de ESPHome y cree el nodo "mqtt-calefaccion". Luego, añada los siguientes componentes a su archivo de configuración:

```
mqtt:
  broker: broker.hivemq.com
  on_message:
    - topic: mqtt-calefaccion/rele
      payload: "ON"
      then:
        - output.turn_on: rele
        - mqtt.publish:
            topic: mqtt-calefaccion/led
            payload: "ON"
    - topic: mqtt-calefaccion/rele
      payload: "OFF"
      then:
        - output.turn_off: rele
        - mqtt.publish:
            topic: mqtt-calefaccion/led
            payload: "OFF"
```

```
sensor:
  - platform: dht
    pin: 13
    temperature:
     name: "temperatura"
    update_interval: 5s

output:
  - platform: gpio
    id: rele
    pin: 12
```

> ℹ️ Le recuerdo una vez más que borre el componente `api` que habilita el uso del API nativa de Home Assistant.

En lo que respecta a los componentes físicos, uno representa el sensor DHT11 (`sensor`) y el otro el relé (`output`). Sus variables de configuración son de sobra conocidas, por lo que no se darán explicaciones adicionales. Únicamente, cabe indicar que el primero prescinde de la parte relacionada con la humedad (en este caso solo interesa la temperatura).

El componente clave es el que habilita la comunicación MQTT, ya que, además de establecer el bróker al que se va a conectar el dispositivo, tiene asociada una regla cuyo disparador `on_message` le permitirá ejecutar una serie de acciones cada vez que se publique un mensaje en el tema "mqtt-calefaccion/rele" (`topic`) con el contenido "ON" u "OFF" (`payload`). Como pronto descubrirá, las órdenes de encendido y apagado de la calefacción se publicarán como mensajes MQTT desde la aplicación IoT MQTT en ese mismo tema y con esos mismos contenidos.

```
on_message:
  - topic: mqtt-calefaccion/rele
    payload: "ON"
    then
      ...
  - topic: mqtt-calefaccion/rele
    payload: "OFF"
    then
      ...
```

Cuando se reciba un mensaje con el tema "mqtt-calefaccion/rele" y el contenido "ON" se ejecutarán dos acciones.

```
- output.turn_on: rele
- mqtt.publish:
    topic: mqtt-calefaccion/led
    payload: "ON"
```

Observe que el sangrado de las variables `topic` y `payload` es de cuatro caracteres (no de dos).

La primera activa el relé con la acción `turn_on`.

La segunda publica un mensaje MQTT con la acción `publish` del componente `mqtt`. Sus dos variables de configuración especifican que se hará en el tema "mqtt-calefaccion/led" y el contenido "ON". Más adelante averiguará que el led testigo de la aplicación IoT MQTT Panel está suscrito a este mismo tema y que se ha configurado para que se encienda cuando su contenido sea "ON" y se apague cuando sea "OFF". Así, podrá estar seguro de que la orden dada desde el teléfono móvil ha sido ejecutada por el dispositivo.

Si el contenido del mensaje publicado en el tema "mqtt-calefaccion/rele" fuera "OFF" se ejecutarían estas otras dos acciones (opuestas a las anteriores), que desactivarían el relé y publicarían un mensaje en el tema "mqtt-calefaccion/rele" con el contenido "OFF".

```
- output.turn_off: rele
- mqtt.publish:
    topic: mqtt-calefaccion/led
    payload: "OFF"
```

Una vez realizados todos estos cambios, guarde el archivo de configuración, genere el firmware asociado y cárguelo en su dispositivo.

A continuación, abra la aplicación IoT MQTT en su teléfono móvil para crear la nueva interfaz gráfica *(dashboard)* de este nuevo sistema domótico.

En primer lugar, pulse sobre la conexión "HiveMQ" (se va a utilizar el mismo bróker del ejercicio anterior) y, luego, sobre los tres puntos situados en la esquina superior derecha de la pantalla. Se desplegará un menú en el que deberá elegir la opción "Add a new dashboard". Aparecerá una nueva pantalla en la que únicamente tendrá que rellenar el campo "Dashboard name" (llámelo "Calefacción") y pulsar el botón "CREATE".

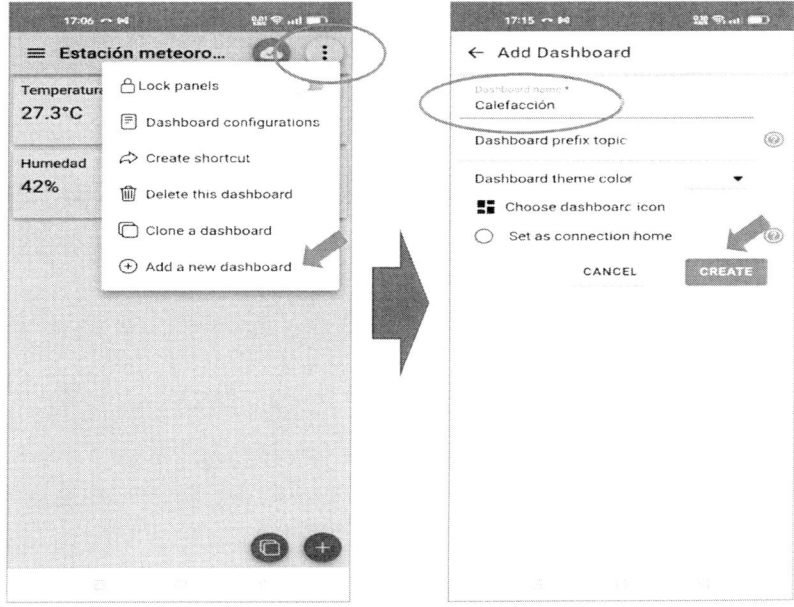

Tal como se aprecia en esta otra imagen habrá vuelto a la pantalla anterior, en cuya parte inferior hay dos pestañas: la del *dashboard* creado anteriormente ("Estación meteorológica") y la del nuevo ("Calefacción"). Seleccione esta última y pulse el botón "ADD PANEL" para añadirle su primer control gráfico.

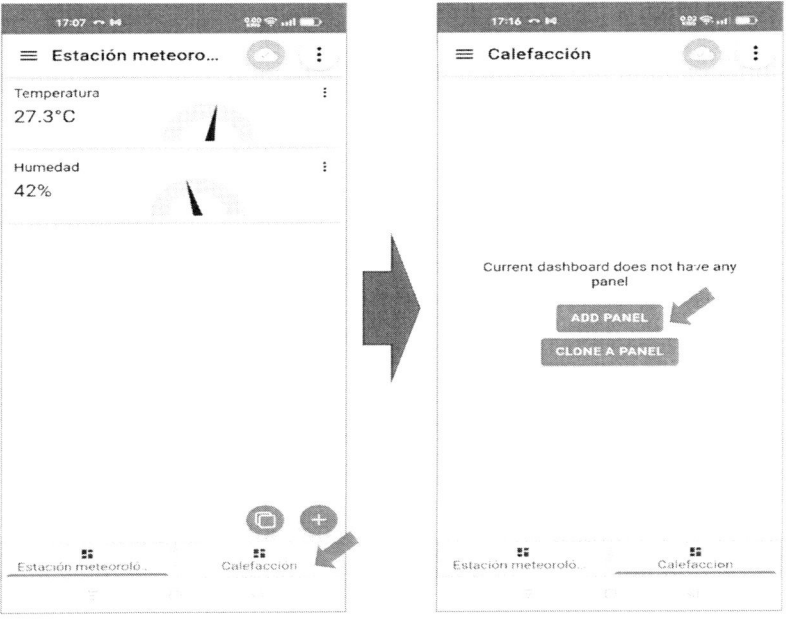

Seleccione "Switch", que representa el interruptor con el que podrá encender o apagar la calefacción.

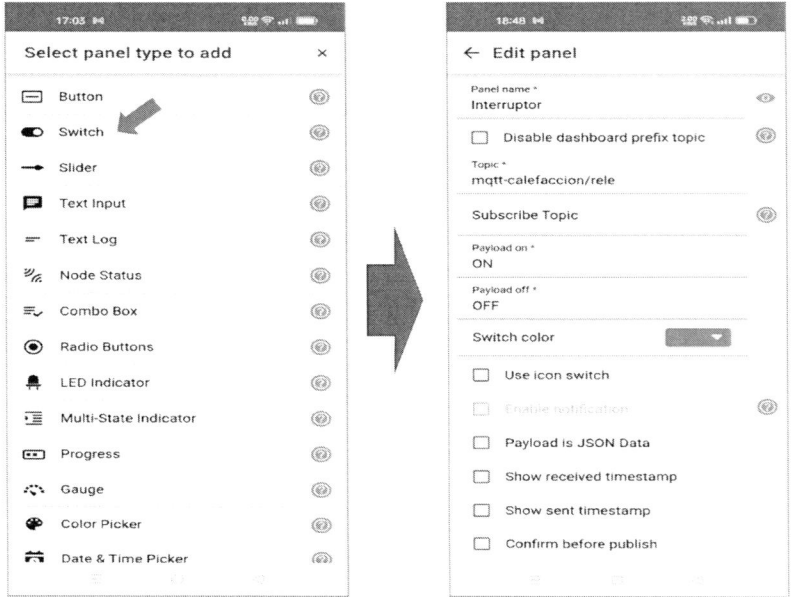

Como puede observar en la imagen anterior (derecha), se trata de una pantalla de configuración en la que tendrá que rellenar los siguientes campos:

1. **"Panel name"**. Nombre del elemento. Aunque en este ejercicio se le llame "Interruptor", puede poner el que quiera. Si tuvieran más de uno, debería darle un nombre más significativo como, por ejemplo, "Interruptor calefacción".

2. **"Topic"**. Tema en el que el dispositivo espera recibir la orden de activar o desactivar el relé. Si lo recuerda, era "mqtt-calefaccion/rele".

3. **"Subscribe Topic"**. Tema al que está suscrito el interruptor. Déjelo en blanco, ya que este elemento solo publica mensajes.

4. **"Payload on"**. Contenido del mensaje que activa el relé ("ON").

5. **"Payload off"**. Contenido del mensaje que desactiva el relé ("OFF").

Una vez rellenados estos campos, pulse el botón "CREATE". Volverá a la pantalla anterior, en la que ahora aparece el interruptor que acaba de crear.

 Las letras mayúsculas y las minúsculas se consideran diferentes.

El interruptor ya está operativo. Solo tiene que pulsarlo para oír el ruido que hace el relé en el momento de activarlo o desactivarlo.

El próximo control gráfico que añada al *dashboard* será un led que muestra el estado de la calefacción. Este no se encenderá/apagará cuando se actúe sobre el interruptor, sino cuando el dispositivo confirme que ha recibido la orden. De este modo, tendrá la seguridad de que el estado de la calefacción coincide con el mostrado en la pantalla.

Pulse el botón "+" situado en la parte inferior derecha de la pantalla anterior y seleccione "LED Indicator".

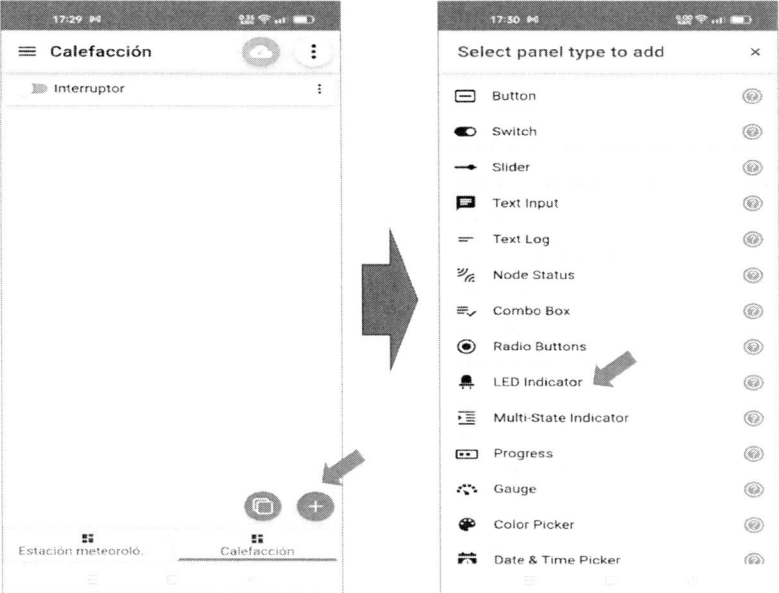

Aparecerá una nueva pantalla de configuración con los siguientes campos:

- **"Panel name"**. Nombre del elemento. Aunque en este ejercicio se haya optado por "Led", ponga el que quiera.

- **"Topic"**. Tema al que se suscribe el led. Debe ser el mismo con el que el dispositivo publica los mensajes de cambio de estado del relé. Si lo recuerda, era "mqtt-calefaccion/led".

- **"Payload on"**. Contenido del mensaje recibido en el tema anterior que encendería el led cuando se activara el relé ("ON").

- **"Payload off"**. Contenido del mensaje recibido en el tema anterior que apagaría el led cuando se desactivara el relé ("OFF").

Finalmente, pulse el botón "CREATE" para volver a la pantalla anterior, donde verá el led debajo del interruptor.

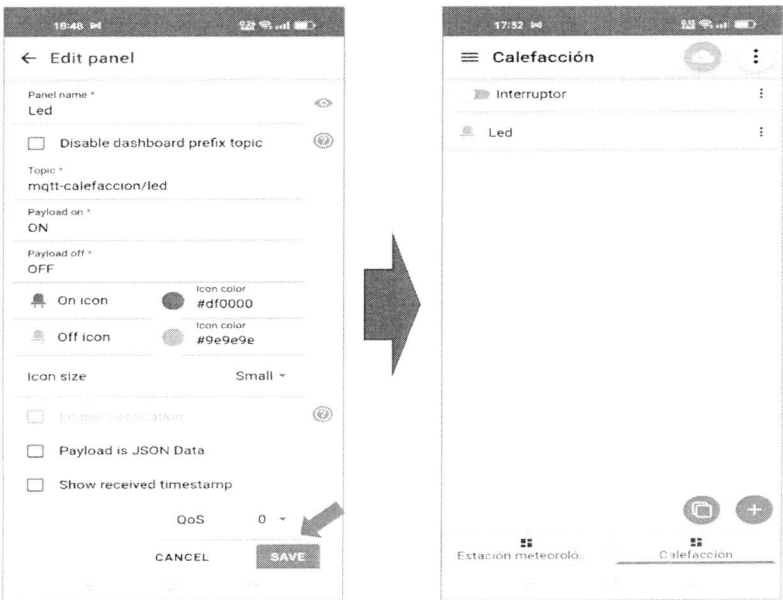

Como se aprecia en esta imagen, también es posible configurar el tamaño ("Icon size") o el color del led en ambos estados ("On icon" y "Off icon"), entre otras características.

Si durante las pruebas realizadas anteriormente dejó el relé activado, el led debería aparecer encendido. En cualquier caso, pulse el interruptor y compruebe cómo se enciende o se apaga. Puesto que es el dispositivo quien publica el mensaje una vez ejecutada la orden, si esta no le hubiera llegado por problemas de comunicación o cualquier otro motivo, el led no se encendería.

Solo faltaría por crear el termómetro. Vuelva a pulsar el botón "+" situado en la parte inferior derecha de la pantalla y seleccione "Gauge" (medidor). En esta ocasión, los campos que deberá rellenar son:

- **"Panel name"**. "Temperatura".

- **"Topic"**. "mqtt-calefaccion/sensor/temperatura/state". Recuerde que es el tema en el que el dispositivo publica periódicamente la temperatura.

- **"Payload min"**. 0.

- **"Payload max"**. 50.

- **"Unit"**. "ºC".

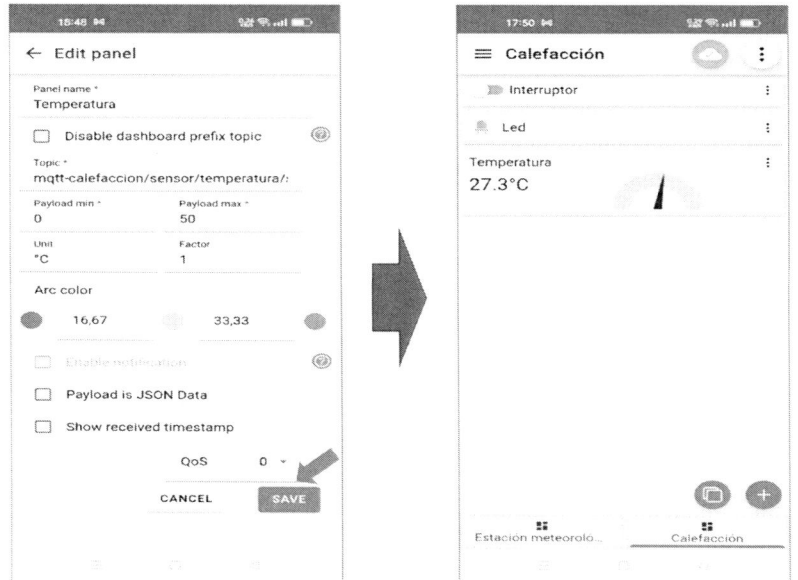

Como puede observar, la temperatura actual aparece automáticamente en pantalla.

¿Le gustaría completar la interfaz con un nuevo elemento gráfico que muestre visualmente si el dispositivo está funcionando o no? No será necesario modificar el firmware, ya que MQTT hará todo el trabajo. Solo tiene que recordar que cuando el dispositivo se conecta al bróker, envía automáticamente el mensaje "online" en el tema "mqtt-calefaccion/status". Si este se estropeara o se quedara si batería, el bróker enviaría el mensaje "offline" en ese mismo tema.

Este comportamiento es precisamente el que aprovecha un control gráfico específico de IoT MQTT Panel llamado "Node Status". Tras seleccionarlo, rellene los siguientes campos:

- **"Panel name"**. Nombre del elemento. Llámelo "Estado" porque es lo que representa.

- **"Topic"**. Tema al que el panel debe suscribirse para recibir las actualizaciones de estado del nodo. Como se acaba de indicar, se trata de "mqtt-calefaccion/status".

- **"Payload sync request"**. Contenido del mensaje de sincronización que publicará IoT MQTT Panel en el tema anterior cuando se pulse este panel. Sirve para saber si el dispositivo está operativo. No se va a utilizar, pero como es un campo obligatorio deberá escribir algo (yo he puesto un asterisco).

- **"Payload online"**. Contenido del mensaje MQTT publicado en el tema especificado en el campo "Topic" con el que se informa que el nodo está en línea o activo. Tal como se mencionó anteriormente, es "online".

- **"Payload offline"**. Contenido del mensaje MQTT publicado en el tema especificado en el campo "Topic" con el que se informa que el nodo está fuera de línea o inactivo. En este caso es "offline".

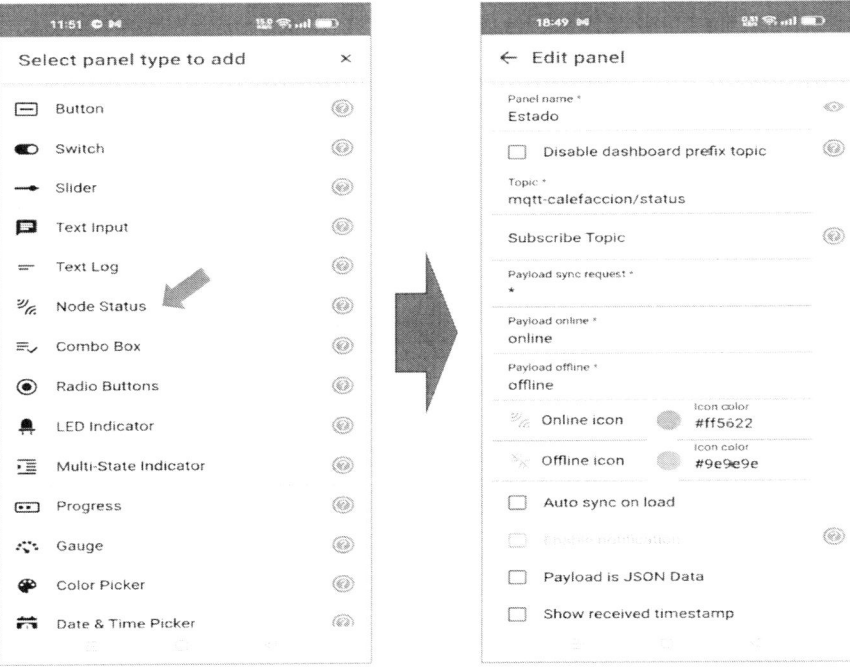

Una vez pulsado el botón "SAVE" (en la imagen anterior no se ve porque hay que hacer *scroll* hacia abajo), el icono de este panel mostrará el estado del dispositivo. Si estuviera desconectado, su aspecto sería el de la izquierda. Al conectarlo pasaría a ser el de la derecha.

Hasta que IoT Panel se entera de que un dispositivo ha dejado de funcionar pasan alrededor de quince segundos, el que tarda el bróker en dar la voz de alarma *(keep alive)*. En cambio, sabrá casi instantáneamente si está operativo, ya que el dispositivo publica de forma inmediata un mensaje de sincronización en el momento de conectarse al bróker.

i Los escasos segundos que IoT Panel tarda en saber que el dispositivo vuelve a estar operativo son los empleados para la conexión a la red wifi y al bróker.

Unidad 11
EL MODO *DEEP SLEEP*

Uno de los principales inconvenientes de la tecnología wifi es su elevado consumo de energía, lo que desaconseja su uso con pilas c baterías. En consecuencia, quedarían excluidos aquellos ámbitos de aplicación en los que no hubiera cerca un enchuche. Sin embargo, no todo está perdido, ya que en situaciones donde solo se requiera el empleo de sensores cuyas medidas puedan espaciarse en el tiempo existe una solución: el modo *deep sleep*. Veamos en qué consiste.

Los microcontroladores ESP8266 disponen de un sistema de gestión de energía que permite su funcionamiento bajo diversos modos de trabajo, uno activo y tres de bajo consumo. En el activo todos sus componentes funcionan normalmente (el módulo wifi, el procesador, el reloj del sistema, etc.). En los de bajo consumo se desactivan uno o varios de ellos. De estos últimos, el que menos energía consume es *deep sleep*, ya que solo mantiene activo el reloj (se para hasta la CPU). Como resultado, el gasto energético baja de los 50 mA-150 mA habituales a 20 µA (¡casi dos mil veces menos!).

Se estará preguntando cómo es posible utilizar este modo de trabajo si la CPU no funciona. La clave está en la capacidad de poder despertar el dispositivo cada cierto tiempo (ese es el motivo de que el reloj interno nunca se pueda parar). De esta forma, solo se consume energía durante el breve tiempo en el que se realice aquello que sea necesario (por ejemplo, obtener y enviar la temperatura por MQTT), ya que cuando está dormido es como si estuviera apagado.

ESPHome no podía ser ajeno a este modo de funcionamiento y, por ello, proporciona el componente `deep_sleep`, que ofrece las siguientes variables de configuración (todas son opcionales):

- `run_duration`. Periodo de tiempo en el que el nodo está activo.

- `sleep_duration`. Periodo de tiempo en el que el nodo está en un sueño profundo.

- `id`. Identificador del componente.

El comportamiento del dispositivo en modo *deep sleep* es muy sencillo. Cuando se reinicia, se ejecuta el firmware durante el periodo de tiempo fijado en la primera variable. En ese momento, pasa a un estado de sueño profundo hasta que transcurre el periodo de tiempo indicado en la segunda variable. Así indefinidamente.

Para que el dispositivo pueda salir del modo *deep sleep* será necesario conectar los pines GPIO16 y RST (*reset*). El GPIO16 es un pin especial, ya que el reloj interno lo pone a un nivel bajo transcurrido el tiempo de sueño especificado. El pin RST es aún más especial, ya que reinicia el microcontrolador cuando se pone a un nivel bajo (se conecta a GND).

Una vez conocida la teoría, solo queda ponerla en práctica. A tal efecto, utilizará la estación meteorológica construida en el capítulo anterior. Aunque no cabe duda de que funciona perfectamente, no se ha tenido en cuenta un detalle carácter práctico que podría hacer inviable su uso. En el exterior seguramente no tenga una toma de corriente y alimentar este tipo de placas con pilas acortaría mucho su vida útil. La solución está en el empleo del modo *deep sleep*.

La unidad interior no sufrirá cambios, ni en el circuito ni en el firmware.

En la exterior habrá que conectar los pines GPIO16 y RST para que la placa se despierte del sueño profundo periódicamente. Con el fin de comprobar el correcto funcionamiento del sistema, también se ha conectado un led en el GPIO12 que se encenderá cada vez que el dispositivo despierte y se conecte al bróker MQTT. De esa forma, podrá saber cuándo está despierto y enviando datos al módulo interior.

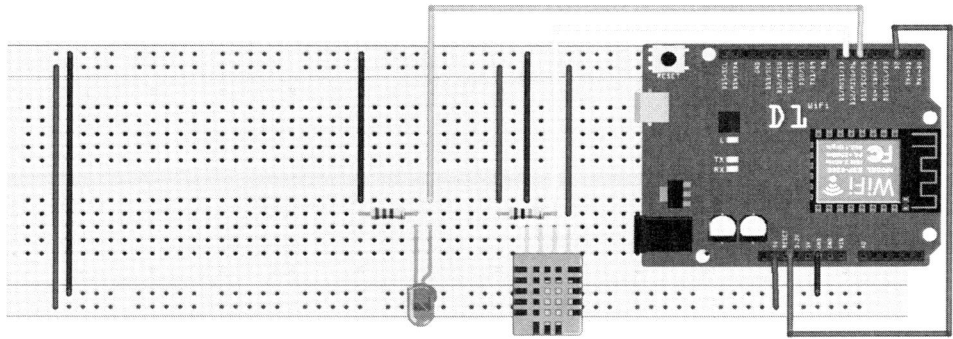

fritzing

Realizadas las modificaciones del circuito, acceda al panel web de ESPHome y añada las siguientes líneas de código al archivo de configuración del nodo "mqtt-dht11":

```
mqtt:
  broker: broker.hivemq.com
  on_connect:
    - output.turn_on: led
  on_disconnect:
    - output.turn_off: led

sensor:
  - platform: dht
    pin: 13
    temperature:
      name: "temperatura"
    humidity:
      name: "humedad"
    update_interval: 5s

deep_sleep:
  run_duration: 15s
  sleep_duration: 1min

output:
  - platform: gpio
    pin: 12
    id: led
```

Como puede observar, el componente que representa el sensor DHT11 no sufre cambios.

Se añade el componente `deep_sleep`, que mantendrá el dispositivo despierto durante quince segundos y dormido durante un minuto.

```
deep_sleep:
  run_duration: 15s
  sleep_duration: 1min
```

También se añade el componente que representa el led testigo conectado al GPIO12. Su identificador (`id`) se utilizará para controlarlo desde las automatizaciones asociadas al componente `mqtt`.

```
output:
  - platform: gpio
    pin: 12
    id: led
```

Los disparadores asociados a estas automatizaciones son los eventos `on_connect` y `on_disconnect`, que se generan cuando el dispositivo se conecta o se desconecta del bróker MQTT, respectivamente. En el primer caso la acción enciende el led y en el segundo la apaga.

```
on_connect:
  - output.turn_on: led
on_disconnect:
  - output.turn_off: led
```

Guarde el archivo de configuración con los cambios realizados, genere el firmware, cárguelo en el dispositivo y compruebe que se actualiza la temperatura cada vez que se enciende el led testigo. Solo tiene que mantener el sensor entre los dedos mientras está dormido.

Una vez realizadas las pruebas, desconecte el led, borre el código YAML relacionado con él y, lo más importante, asigne un valor adecuado a la variable `sleep_duration` (por ejemplo, cinco minutos) para aumentar la duración de la batería.

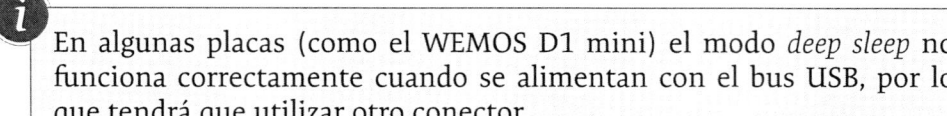

En algunas placas (como el WEMOS D1 mini) el modo *deep sleep* no funciona correctamente cuando se alimentan con el bus USB, por lo que tendrá que utilizar otro conector.

Cuando una placa entra en modo *deep sleep* es como si estuviera apagada, por lo que no se podría actualizar su firmware.

En https://esphome.io/components/deep_sleep.html encontrará diversas formas de hacerlo.

Marcombo

Marcombo es una editorial especializada en libros técnicos y científicos con más de 75 años de experiencia.

Los títulos de Marcombo están escritos por grandes especialistas y tratan materias como Tecnología, Empresa, Instalaciones y otros temas relacionados con las ciencias e ingenierías. Asimismo, publicamos libros sobre formación profesional, certificados de profesionalidad y universitarios. Materias de siempre y actuales que avalan una rigurosa y dilatada trayectoria editorial.

Tal como hemos hecho durante todos estos años, Marcombo está su disposición para ofrecerle las mejores obras técnicas, científicas y de formación de ayer, hoy y siempre. Los autores, nacionales e internacionales, comparten su amplia experiencia mostrando tutoriales de contenidos paso a paso, expertos consejos e ideas motivadoras que reforzarán sus conocimientos. Estos libros son una valiosa herramienta con la que potenciará notablemente sus habilidades y conocimientos técnicos.

Queremos agradecer su confianza en los libros de Marcombo. Por eso, queremos compartir con usted diversos regalos digitales de algunas de los temas de referencia.

Puede acceder a ellos dentro del apartado **Contenido gratuito** en **www.marcombo.com**